简说IPv6

李凯 等 编著

清华大学出版社

北京

内 容 简 介

本书详细讨论了与 IPv6 技术相关的内容，包括互联网的概念、历史、发展与演变，我国 IPv6 的发展与机遇，以及 IPv6 的基础知识，如协议报文结构、IPv6 地址、地址配置技术、IPv6 路由协议，同时讨论了运营商部署 IPv6 的计划与发展，内容和应用部署 IPv6，国际上 IPv6 全球成功案例等。本书最大的特点是理论与实践紧密结合，通过大量而翔实的 IPv6 分析，能够帮助读者更快、更直观地掌握 IPv6 的理论与技能。

本书内容浅显易懂，操作性强，可供管理者及非技术项目人员参考，技术部分内容也可供专业人士参考。

图书在版编目（CIP）数据

简说IPv6 / 李凯等编著. —北京：清华大学出版社，2020.1
ISBN 978-7-302-53775-5

Ⅰ.①简… Ⅱ.①李… Ⅲ.①计算机网络—通信协议 Ⅳ.①TN915.04

中国版本图书馆 CIP 数据核字（2019）第 199963 号

责任编辑：秦　健　薛　阳
封面设计：李召霞
责任校对：徐俊伟
责任印制：杨　艳

出版发行：清华大学出版社
　　　网　　址：http://www.tup.com.cn，http://www.wqbook.com
　　　地　　址：北京清华大学学研大厦 A 座　　　　邮　　编：100084
　　　社 总 机：010-62770175　　　　　　　　　　邮　　购：010-62786544
　　　投稿与读者服务：010-62776969，c-service@tup.tsinghua.edu.cn
　　　质 量 反 馈：010-62772015，zhiliang@tup.tsinghua.edu.cn
印 装 者：三河市国英印务有限公司
经　　销：全国新华书店
开　　本：186mm×240mm　　　印　　张：12.25　　字　　数：249 千字
版　　次：2020 年 1 月第 1 版　　　印　　次：2020 年 1 月第 1 次印刷
定　　价：49.00 元

产品编号：081027-01

本书编委会

主　编：李　凯

编　委：杨　枫　石　凯　侍俊伊　郝　杨

插　图：吕振旗　赵中颖

校　对：张美娜

前言

我很高兴为这本重要的书《简说 IPv6》写前言。同时我很赞赏 CNISP 为中国互联网社区提供了这样一本专门针对 IPv6 的中文读物。

我作为亚太互联网络信息中心总裁首次访问中国是在 1998 年。众所周知，当时中国的 IPv4 地址数量比美国的一所大学都少。在访问期间我承诺按照 APNIC 公平、公正、公开的 IPv4 地址分配政策来确保中国获得所需的 IPv4 地址数量。当然，过去历史造成的不平衡是无法逆转的，但令我满意的是，中国互联网现在拥有的 IPv4 地址数量已经排名世界第二，仅次于美国。这使得中国互联网像在世界其他地方一样取得了巨大的成功。

全球互联网是一个单一的、统一的网络，可以允许位于世界任何地方的任何两个设备进行连接。这是互联网的力量，但它需要足够多的 IP 地址来为每个设备提供唯一的公有 IP 地址才能实现。今天的互联网中有着 30 亿用户和海量的连接设备，IPv4 地址数量显然不够，无法支持完全的互联网连接。这就是为什么 IPv6 成必然发展趋势。

在不久的将来，互联网将需要为几十亿人和几十亿"联网设备"服务。没有 IPv6，互联网就无法满足这种需求。

IPv6 部署是一个全球性的挑战，对于所有互联网用户、服务和企业都是如此。每个依赖互联网产品和服务的人都将很快理解 IPv6，并且非常需要和依赖它。提供互联网产品和服务的公司还需要更多地了解 IPv6，并准备好去满足这一需求。不这样做的人肯定会被历史和市场抛在后面，而其他人则会成功。

本书涵盖了 IPv6 的历史、基础知识、过渡技术、安全性和发展趋势。我相信，它将是中国人民了解 IPv6 的重要信息来源，并为中国 IPv6 的成功发展做出贡献。

保罗·威尔逊
APNIC 总裁

Foreword

I am delighted to provide the foreword for this important book, *IPv6 Brief*. I must commend CNISP for a publication dedicated to IPv6, written in Chinese for the Internet community in China.

My first visit to China as APNIC Director General was in 1998. It was well known at that time, that in all of China, there was less IPv4 address space than at a single university in the USA. During that visit I promised to ensure that China would receive the IPv4 addresses needed, according to the fair and equitable policies for IPv4 address distribution in the APNIC region. Of course, historical imbalances could not be reversed, but I am satisfied that the Internet in China now has the second largest national IPv4 address supply in the world, after the USA. This has allowed the huge success of the Internet, which has been embraced in China, as it has been in the rest of the world.

The global Internet is a single uniform network, which can permit connectivity between any pair of devices, located anywhere in the world. This is the power of the Internet, but it is only possible with an address space large enough to provide a unique global address to every device. For today's Internet, with 3 billion users and many more connected devices, IPv4 is not big enough to support full Internet connectivity. This is why IPv6 is essential.

In the very near future, the Internet will need to serve billions more people, and many billions of "connected things". Without IPv6 the Internet simply cannot grow to meet this demand.

The challenge of IPv6 deployment is a global challenge which shared among all Internet users, services, and businesses. Everyone who relies on Internet products and services will soon understand the need for IPv6, and will soon demand it. Those companies who provide Internet products and services also need to understand IPv6, and be ready to satisfy this demand. Those who do not, will certainly be left behind, while others succeed.

This IPv6 book covers the history, basics, transition technology, security and development trend of IPv6. I trust that it will be a vital source of information for people in China to understand IPv6, and to contribute to successful IPv6 development in China.

Paul Wilson

Director-General of APNIC

目录

第 7 章　内容和应用部署 IPv6 ……………………………………… 117

第 1 章

今日的互联网

1.1　互联网的发展

1.1.1　Internet 的来历

互联网的英文名字是 Internet，音译为"因特网"。它始于 1969 年的美国，当时用于美军的军事科研阿帕网（美国国防部研究计划署 ARPA）上，后来成功地将美国 4 所大学的 4 台计算机相连接，成为最早的互联网雏形，但没有涉足民用。直到 1985 年美国国家科学基金会（National Science Foundation，NSF）规划建立了一个由 15 个计算机中心组成的美国全国性教育科研网络（NSFNET），它的应用范围更广，渐渐代替了阿帕网的地位，1989 年又再次与从军事网络分离出来的 MILNET 合并连接后，开始启用英文名字 Internet，"互联网"一词由此诞生。

20 世纪 90 年代初，Internet 引进商业机构，开始商业推广和应用。1995 年，NSFNET 停止运营，Internet 彻底进入人们的生活中。

我国互联网的起源要追溯到 1986 年 8 月 25 日上午 11 点的北京，中国科学院高能物理研究所的吴为民在某单位的一台 IBM-PC 上，通过卫星远程登录到日内瓦一台机器账户上，通过该账户向位于日内瓦的 Steinberger 发出了一封电子邮件。而在 1987 年 9 月 20 日，在德国人维纳·措恩（Werner Zorn）教授带领的科研小组的帮助下，王运丰教授和李澄炯博士等在北京计算机应用技术研究所（ICA）通过自建的电子邮件节点，向德国成功发出了一封电子邮件，邮件内容为"Across the Great Wall we can reach every corner in the world."。

在后来的几年里，中国科研单位在中国政府的大力支持下，一直努力建设中国的网络。1990 年，中国的顶级域名 .CN 完成注册。1994 年 4 月初，中美双边科技联合会议在美国华盛顿举行，此次会议上，中国科学院副院长胡启恒作为中方代表，对于连入 Internet 的重申，得到了美国国家科学基金会的批准。并于同年 4 月 20 日，中关村地区教育与科研示范网络（NCFC）开通了一条 64K 的国际专线，象征着我国正式走向国际互联网的舞台。

1.1.2　互联网的今天

今天互联网已向人类提供了前所未有的便利，开始影响着地球上甚至宇宙中的一切，人类的思维已和互联网共同进化。互联网之所以能够向用户提供这么多的服务，是因为互联网具有两个重要的特点，即连通性和共享。

连通性就是上网用户之间或者用户与访问的内容之间不管彼此物理距离有多远，都可以非常快速地交互彼此的信息，并且享受低廉的价格，好像这些用户都在一起可以面对面沟通一样。同时具备连通性的还有传统的电信电话网络，它提供了用户之间的通信，但距离远近所产生的费用不同，给用户带来了高昂的漫游费用，通过互联网则不会出现类似的漫游费用。随着互联网的普及，未来也许有一天互联网将不再收取任何费用。

互联网的另一个特点就是资源共享。资源共享的含义是多方面的。简单地说，就是可以共享信息，大家可以在一个地方下载同一个软件，也可以在同一个地方看到同一个信息。这就是互联网的特点，只要有网，我们彼此可见！

如今互联网已经家喻户晓，不再是军队科研单位的"悄悄话"，它已遍布各行各业，人们的生活已经离不开它了。

中国互联网发展迅猛，中国数字经济已居世界第二（2018年世界互联网大会数据），网民数量居世界第一，如图1-1所示。2018年8月20日，CNNIC（中国互联网络信息中心）在北京发布了第42次《中国互联网络发展状况统计报告》。截至2018年6月30日，我国网民规模达8.02亿，互联网普及率为57.7%，剩下的比例包含幼儿、老人、特殊职业以及非常贫困地区的人群。如今绝大多数年轻人认识互联网都是从接触互联网的应用开始的，无论是孩子们玩的看的，还是大人们的生活购物、通信交友、金融理财等，企业应用层出不穷，如云计算、大数据、互联网+、工业互联网等，互联网彻底改变了我们这一代人，改变了一个时代，接连不断的新应用让人们眼花缭乱。

图1-1　2009—2018年，近10年网民人数（单位：万人）

互联网的发展让人们使用上了高速的通信手段，通信方式从远古的烽火传信、飞鸽传书、快马驿站，到近代的邮政信函、电话短信，一代代推陈出新，如今的互联网通信甚至将代替之前的一切，留下的也许只有历史的记忆，如图1-2所示。还有很多行业和产品，曾经雄霸一时，面对突如其来的互联网发展，如今也已退出了历史舞台，如图1-3所示。

图1-2　古代与现代通信方式　　　　　图1-3　互联网逐步推陈出新

互联网发展到今天，它为中国提出的"推动人类命运共同体"提供了重要的便利环境，同时互联网基础资源也是一个国家重要的战略资源。

1.1.3　IP地址定义

IP地址是指互联网协议地址（Internet Protocol Address），又译为网际协议地址，是IP Address的缩写，是互联网上计算机相互标识自己的符号，也是在互联网通信时唯一的标识，每台计算机或者终端都是依靠IP地址进行通信的。

IP地址在通信时必须相对唯一，每台网络设备都依靠IP地址来互相区分、互相联系，同时IP地址由统一的地址管理机构进行分配，任何个体都不能随便分配使用。

1.1.4　IP地址管理

互联网起源于美国，当然IP地址的管理也起源于美国。互联网商业化后，美国IANA（Internet Assigned Numbers Authority，国际互联网代理成员管理局）作为Internet号码资源分配的机构，在20世纪90年代负责对IP地址分配规划进行管理。但是，随着全球互联网的高速发展，越来越多的国家对由美国独自管理运营Internet的方式表示不满，强烈呼吁对互联网的管理方式进行改革。

美国政府在征求大量意见后，于1998年6月5日提议在满足稳定性、竞争性、民间协调性和充分代表性的前提下，在 1998 年 10 月成立一个非盈利性的国际组织，即 ICANN（Internet Corporation for Assigned Names and Numbers，互联网名称与数字地址分配机构），开始参与管理 Internet 域名及地址资源的分配，并行使 IANA 职能。

2016 年 10 月 1 日，美国商务部国家电信和信息局把互联网域名管理权彻底移交给 ICANN。这标志着起源美国的 Internet 也就是互联网，迈出走向全球共治的重要一步。 ICANN 在社交媒体推特上写道："这一管理权移交将帮助保证互联网长期保持开放、可交互与稳定！"

ICANN 行使了 IANA 的职能，对互联网中使用的 IP 地址资源、自治域号码（AS 号码）、域名以及其他资源进行管理。ICANN 将部分 IP 地址和 AS 号码分配给洲际级的互联网注册机构（Regional Internet Registry，RIR），再由 RIR 负责该地区的 IP 地址和 AS 号码地址分配，登记注册。通常 RIR 会将地址进一步分配给区内大的 NIR/LIR，然后由它们进一步分配。

IP 地址管理机构如图 1-4 所示。

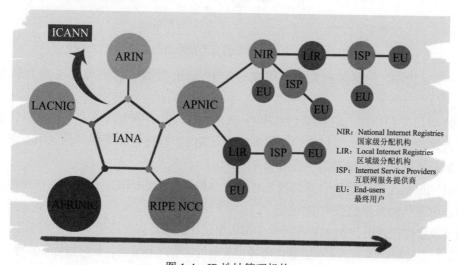

图 1-4 IP 地址管理机构

5 个洲际级的 RIR 分别如图 1-5 所示。

- 亚太互联网信息中心（Asia-Pacific Network Information Center，APNIC）主要负责亚太地区业务。
- 北美互联网注册中心（American Registry for Internet Numbers，ARIN）主要负责北美地区业务。
- 欧洲互联网注册中心（Réseaux IP Européens Network Coordination Center，RIPE NCC）主要负责欧洲地区业务。

- 拉丁美洲注册中心（Lation American and Caribbean Internet Address Registry，LACNIC）主要负责拉丁美洲业务。
- 非洲互联网信息中心（Africa Internet Network Information Center，AfriNIC）主要负责非洲地区业务。

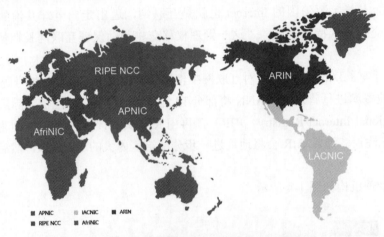

图 1-5 IP 地址管理的五个洲际级的 RIR

其中，APNIC 负责向亚太地区国家分配 IP 地址资源，总部设立在澳大利亚布里斯班。

1997 年成立的中国互联网络信息中心（CNNIC）属于中央网络安全和信息化委员会办公室直属事业单位，作为国家注册服务机构（NIR）行使国家互联网信息中心职责，是我国企事业单位首选的 IP 地址分配服务机构。

同时，根据企事业单位自身情况，也可在 APNIC、CERNIC、CNISP、中国电信、中国联通、中国移动等单位获取 IP 地址。

企事业单位在使用 IP 地址时应符合中国国家法律法规，同时接受中共中央网络安全和信息化委员会办公室、国家工业和信息化部等相关单位的管理和监督，及时做好备案等工作。

1.1.5 IP 地址分类

IP 地址分类多种多样，这里列举几种常见的分类方式。

1. 按照地址广播应用分类

IP 地址按照地址广播应用可以分为以下三类。

- 单播（Unicast）地址：单播是客户端与服务器之间的点对点连接，每个客户端都从服务器接收远程流，是在一个发送者和一个接收者之间通过网络进行的通信。

- 组播（Multicast）地址：在发送者和每一个接收者之间实现点对多点网络连接。如果一个发送者同时给多个接收者传输相同的数据，也只需复制一份相同的数据包。它提高了数据传送效率，减少了骨干网络出现拥塞的可能性。
- 任播（Anycast）地址：又称为选播、泛播，指在 IP 网络上通过一个地址标识一组提供特定服务的主机，同时服务访问方并不关心提供服务的具体是哪一台主机（例如 DNS 或者镜像服务），访问该地址的报文可以被 IP 网络路由到这一组目标中的任何一台主机上，使得数据可以根据路由来决定送到"最近"或"最好"的目的地。

2. 按照 IP 地址版本分类

IP 地址按照版本分为 IP 协议第 4 版（简称 IPv4）和 IP 协议第 6 版（简称 IPv6）。目前世界互联网主要使用 IPv4 地址，但同时由于 IPv4 地址即将耗尽，各个地区和国家开始大力发展 IPv6 地址的使用。IPv1、IPv2、IPv3 都是实验阶段产物，IPv5 是一个实验性的资源预留协议，被称为因特网流协议（ST），它和 IPv6 没有任何关系。

IPv4 地址位数为 32 位，最多就是 2^{32} 个。IPv6 采取了 128 位地址长度，最多有 2^{128} 个，接近无限大的数量，有人开玩笑说"世界上每一粒沙子都可以得到一个 IPv6 地址"。

3. 公有地址和私有地址

当时设计 IPv4 地址时考虑到地址数量有限等问题，将 IPv4 设为公有地址和私有地址两类。私有地址专门为某个单位内部网络使用，不作为地址分配机构的分配资源，并设置了三个不同数量的私有地址段，其中，A 段为 10.0.0.0 ～ 10.255.255.255，B 段为 172.16.0.0 ～ 172.31.255.255，C 段为 192.168.0.0 ～ 192.168.255.255。除去私有地址外，在 0.0.0.0 ～ 223.255.255.255 范围内的均是公有地址，例如 219.238.1.1。私有 IP 地址的出现大量延缓了 IPv4 地址的耗尽，很多企事业单位内部网络均使用私有地址。

换个角度说，私有 IP 地址所谓的可以重复使用，是在不同的内部网络里可以，如果在同一个网络里，任何 IP 地址不管公有私有均是唯一的。

4. 按照广播分类

企事业单位从地址分配机构申请 IP 地址后，通常要在运营商网络上进行路由宣告才能使用，换句话说，IP 地址需要在网络上进行广播才能让别的个体看到并且相互访问。按照是否广播，地址又可以分为有路由地址和没有路由地址，通常会说有路由地址为"脏的"地址，而没有路由的地址则为"干净"地址。

查询地址是否有路由，可以登录 http://www.cnisp.org.cn/。

5. 黑名单和白名单

根据用户使用情况，有部分客户会涉及违规违法业务或者特殊业务，他们所使用的 IP 地址也会被进行黑白名单分类。世界上有很多国家组织均设置了 IP 地址黑白名单用于区别。

1.1.6 与 IP 地址相关的其他概念

IP 地址使用现阶段大多数还是体现在网民的终端设备或者服务器上，这些服务上一级使用者多为企业级用户，主要由 ISP、ICP、IDC 组成。

互联网接入服务提供商（Internet Services Provider，ISP）：ISP 向客户提供了网络接入等互联网增值业务。站在用户角度来说就是你把上网费用交给了谁，谁就是 ISP。ISP 提供的上网方式也有很多，有的是提供光纤直连，有的则是提供移动上网。国内的 ISP 有中国电信、中国移动、中国联通、赛尔网络、长城宽带、广电网络等。

互联网内容提供商（Internet Content Provider，ICP）：ICP 向用户提供了各种各样的服务，例如查询、聊天、游戏、新闻、音乐、购物等。站在用户角度来说就是你上网都干啥，啥就是 ICP。世界知名的 ICP 有亚马逊、腾讯、阿里巴巴、百度、京东商城等。

互联网数据中心服务商（Internet Data Center，IDC）：IDC 向互联网内容提供商 ICP、企业和各类网站提供了大量的地址带宽资源以及相关服务，涉及服务器托管、空间租用、带宽接入服务等。IDC 要具备充足电力、建筑的高抗震承重性、恒温恒湿、光缆连通、24 小时监控服务等。站在用户角度来说就是上网玩的看的东西放在哪里，哪里就是 IDC。中国的 IDC 有中国电信、中国移动、中国联通、世纪互联、光环新网、鹏博士、中联数据等。

自治系统（Autonomous System，AS）号码：独立网络的标识，能对网络进行自由的管理，过滤信息，控制网络流量，给使用单位更大的管理权限，是一组 IP 地址的集合，是使用统一内部路由协议的一组网络，如图 1-6 所示。如果成员单位的网络路由器准备采用 EGP（Exterior Gateway Protocol）、BGP（Border Gateway Protocol）或 IDRP（OSI Inter-Domain Routing Protocol），可以申请 AS 号码。

图 1-6 AS 号

简单地说，如果把 IP 地址比作门牌号，AS 号码就好比是那个门牌号所在的大街，如图 1-7 所示。AS 号码是一组 IP 地址集合的管理，可以让访问更加便利。

图 1-7 知道是哪条街，再找门牌号便容易得多

云计算（Cloud Computing）：云计算的解释有很多，有一种最为简单的说法是把所有运算都放在网上的行为，也可以说是向用户提供动态便利的虚拟化资源，它结合了 ICP 和 IDC 的很多服务。中国云计算服务商有阿里云、华为云、腾讯云、金山云、百度云等。

工业互联网（Industrial Internet）：是开放的全球化网络，网络里融入了人、数据和机器。它结合了全球工业系统与高级计算、分析、感应技术等，通过智能机器间的连接并最终将人机连接，结合软件和大数据分析，重构全球工业，激发生产力。它是一场生产力的革命，同时也是现代互联网的一场革命。近年来，中国越来越重视互联网与传统工业的结合，国务院在 2015 年推出《关于推进"互联网＋"行动的指导意见》，推动发展基于互联网的协同制造新模式。2018 年 7 月，工业和信息化部印发了《工业互联网平台建设及推广指南》和《工业互联网平台评价方法》，未来工业互联网将是 IPv6 地址的一个重要使用环境。

物联网（Internet of Things，IoT）：是新一代信息技术的重要组成部分，是物物相连的互联网。这里有两层意思：其一，物联网的核心和基础仍然是互联网，是在互联网基础上延伸和扩展的网络；其二，其用户端延伸和扩展到了任何物品与物品之间，进行信息交换和通信，也就是物物相息。1990年，施乐公司最早实践了物联网，推出了网络可乐售卖机。2005年，国际电信联盟（ITU）发布了《ITU互联网报告2005：物联网》，正式提出了物联网的概念。

内容分发网络（Content Delivery Network，CDN）：是构建在网络之上的内容分发网络，依靠部署在各地的边缘服务器，通过中心平台的负载均衡、内容分发、调度等功能模块，使用户就近获取所需内容，降低网络拥塞，提高用户访问响应速度和命中率。CDN的关键技术主要是内容存储和分发技术。中国CDN服务商有三大基础电信运营商、网宿科技、蓝汛、阿里云、风行极客等。

1.2 IPv4 简介

1.2.1 IPv4 定义

IPv4是互联网协议（Internet Protocol，IP）的第4版，也是第一个被广泛使用的互联网协议，构成现今互联网技术基础的协议。1981年，Jon Postel在RFC791中定义了IP。IPv4可以运行在各种各样的底层网络上，例如，端对端的串行数据链路（PPP和SLIP）、卫星链路等。局域网中最常用的是以太网，目前全球互联网所采用的协议是TCP/IP。IP是TCP/IP协议族中网络层的协议，是TCP/IP协议族的核心协议，它的下一个版本就是IPv6。

IPv4地址的总量是2^{32}个，大约有43亿个，截至2018年10月20日，中国的IPv4地址数量仅次于美国，位居世界第二。但比起如今互联网高速发展的情况，IPv4地址数量短缺严重制约了互联网的发展，已不再满足未来的发展需求，所以各个国家和地区开始着手发展IPv6。早在2011年2月，IANA将最后5个A类地址分配给五大洲际地址分配机构（RIR），标志着全球IPv4地址总库完全耗尽，IPv4地址资源时代已经结束。2011年4月，亚太互联网络信息中心（APNIC）宣布亚太地区IPv4地址也已经分配完毕，最后1个A类地址只用于IPv6过渡。

1.2.2　IPv4 的表现形式

IPv4 的表现形式主要分为以下几种。

1. 十进制

十进制最通常的表示如 159.226.7.108，它的范围为 0.0.0.0 ～ 255.255.255.255，三个点四段数，均是十进制，每个数最大为 255。前面三个数通常称为网络号，最后一个数称为主机号，如图 1-8 所示。

它的表现形式和传统电话非常类似，我们用 01082893338 这个位于中国北京海淀区中联数据总部的电话为例，假如你在上海某单位拨打这个号码，我们把 01082893338 拆解成 IP 的表现形式，那就是 0.10.8289.3338。我们把拨打电话按照每个点来放慢动

图 1-8　IPv4 的十进制表现形式

作，第一步当我们拿起电话先拨 0 时，上海电信运营商设备会识别你要拨打长途电话，进入到长途电话设备上；然后就是 10，也就是国内北京的区号代码，长途线路到了北京电信运营商长途电话设备；接着就是 8289，这是中国联通在海淀区上地电话局区域的电话前缀，这时线路已经到达了中联数据附近的电话局；最后就是 3338，这是中联数据申请电话的主机号码，此时电话就拨通了，如图 1-9 所示。

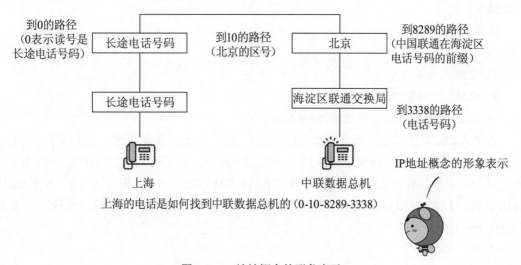

图 1-9　IP 地址概念的形象表示

2. 二进制

计算机逻辑电路只有通路和断路，所以在计算机里数据采用二进制进行运算。IPv4
地址 159.226.7.108 的二进制表现形式为 10011111.11100010.111.1101100，但这种表现
形式过长，不如十进制方便，一般它的出现都在计算机内部，人们看不到，如图 1-10 所示。

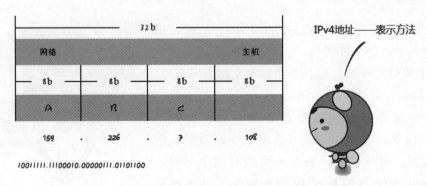

图 1-10　IPv4 的二进制表现形式

3. IPv4 前缀表现形式

通常企事业单位会申请一定数量的 IPv4 地址，根据数量多少，可以把它们分为 A、B、
C 三类。我国 IP 地址分配机构向企事业单位分配地址一般都在 1024 个以上，这 1024 个
地址也称为 4C。例如，159.226.7.0 ～ 159.226.7.255 代表了 256 个地址，通常称这是一个
C 类地址。

公式如下：

1C=256 个

1B=256^2 个 =65 536 个

1A=256^3 个 =16 777 216 个

例如：1B+2C=256×256+2×256=66 048 个。

有了 A、B、C 类的描述就可以确定 IPv4 的数量了，但如何准确描述一个具体地址段呢？

在 IP 地址圈子里，经常这样描述：159.226.0.0/16，前面的 159.226.0.0 是这段地址起
始的第一个地址，后面的 /16 则代表地址段长度的掩码标识。/16 代表连续数量 1B 个地址，
也就是说，159.226.0.0/16 是从 159.226.0.0 开始到 159.226.255.255 的地址段，一共是
65 536 个。

公式：/X=2^{32-X}

例如：/32=2^{32-32}=1 个，/16=2^{32-16}=65 536 个。

IPv4 前缀表现形式如图 1-11 所示。

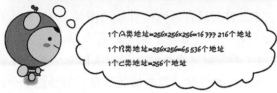

图 1-11 IPv4 前缀表现形式

1.2.3 IPv4 报头结构

IP 报文是在网络层传输的数据单元，也叫 IP 数据报版本。IPv4 报头结构如图 1-12 所示。不带选项字段的 IP 头为 20B，和 IPv6 的头结构相比要复杂一些，包含较多的字段。

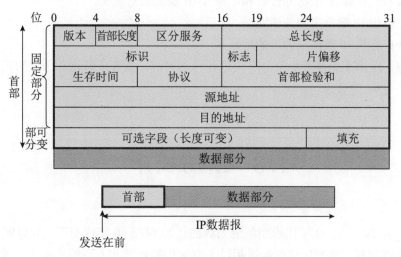

图 1-12 IPv4 报头结构

首部长度：IP 报头的长度，是固定部分的长度（20B）和可变部分的长度之和，共占 4 位。最大为 1111，即十进制的 15，代表 IP 报头的最大长度可以为 15 个 32b（4B），也就是最长可为 15×4=60B，除去固定部分的长度 20B，可变部分的长度最大为 40B。

区分服务：Type of Service。

总长度：IP 报文的总长度。报头的长度和数据部分的长度之和。

标识：唯一地标识主机发送的每一份数据报。通常每发送一个报文，它的值加 1。当 IP 报文长度超过传输网络的 MTU（最大传输单元）时必须分片，这个标识字段的值被复制到所有数据分片的标识字段中，使得这些分片在达到最终目的地时可以依照标识字段的内容重新组成原先的数据。

标志：R、DF、MF 三位。目前只有后两位有效。DF 位：为 1 表示不分片；为 0 表示分片。MF 位：为 1 表示"更多的片"；为 0 表示这是最后一片。

片偏移：本分片在原先数据报文中相对首位的偏移位（需要再乘以 8）。

生存时间：IP 报文所允许通过路由器的最大数量。每经过一个路由器，TTL 减 1，当为 0 时，路由器将该数据报丢弃。TTL 字段是由发送端初始设置一个 8 b 长的字段，推荐的初始值由分配数字 RFC 指定，当前值为 64。发送 ICMP 回显应答时经常把 TTL 设为最大值 255。

协议：指出 IP 报文携带的数据使用的是哪种协议，以便目的主机的 IP 层能知道要将数据报上交到哪个进程（不同的协议有专门不同的进程处理）。和端口号类似，此处采用协议号，TCP 的协议号为 6，UDP 的协议号为 17，ICMP 的协议号为 1，IGMP 的协议号为 2。

首部检验和：计算 IP 头部的校验和，检查 IP 报头的完整性。

源地址：标识 IP 数据报的源端地址。

目的地址：标识 IP 数据报的目的地址。

限于篇幅，这里不能展开对每个字段进行详细讲解，需要了解这部分内容的读者可以参考专门讲解 IPv4 的书籍。

1.3　IPv6 简介

IPv4 标准是 20 世纪 70 年代末期制定完成的。20 世纪 90 年代初期，WWW 的应用导致互联网爆炸性发展，其发展速度远远超过了专家们的预测和人们的想象力。随着互联网上的应用越来越多，各种各样的终端形式特别是移动终端更加多样化，全球公有或者说独立的 IP 地址已经濒临耗光。根据互联网工程任务组（Internet Engineering Task Force，IETF）的预测，基于 IPv4 的地址资源将会在 2005 年开始枯竭。实际情况是，2010 年 IANA 宣布 IPv4 地址全球耗尽，即 IANA 无法再为 5 个洲际 IP 地址管理机构提供干净的可用的 IPv4 地址。此举意味着 IPv4 将不能满足互联网长期发展的需求，必须开始下一代 IP 网络协议的研究，即 IPv6。

IPv6 是为了解决 IPv4 地址枯竭问题而制定的国际互联网通信协议。IPv6 地址总数是 2^{128} 个，而 IPv4 地址总数则仅有 2^{32} 个（包括私有 IP 地址），IPv4 地址数量和 IPv6 相比可谓是沧海一粟、九牛一毛。

1993 年，IETF 成立了 IPng Area，专门研究下一代互联网通信协议，包括现在的 IPv6 协议。

1994 年 12 月，IPng Area 发表了 RFC1726，针对下一代互联网协议的技术标准进行评估和讨论，提出了多达 17 条评议标准，内容包括：下一代互联网协议性能要求，灵活的拓扑结构，配制、管理和运行维护，安全性，应该支持的规模，服务的健壮性，过渡技术，媒体无关性，不可靠的数据报服务，唯一命名，可用性，多播，可扩展性，网络服务，移动性，控制协议和私有网络等。

1995 年 1 月，IPng Area 再次发表 RFC1752，按照 RFC1726 的技术评议标准对三个主要的下一代互联网协议建议进行推荐。这三个主要的建议是：CATNIP（Common Architecture for the Internet）、SIPP（Simple Internet Protocol Plus）和 TUBA（The TCP/UDP Over CLNP-Addressed Networks）。

1. CATNIP

CATNIP 集成了 ISO 的 CLNP、IETF 的 IP 和 Novell 公司的 IPX，其目的是为 IETF、ISO 和 Novell 的协议提供一个公共的平台，使得当时所有的传输层协议都能运行在这个公共平台上，并且可以互通。CATNIP 采用 OSI 的网络服务接入点（Network Service Access Point，NSAP）地址格式，同时考虑了下一代网络协议对网络规模和性能的要求。

2. SIPP

SIPP 是 IPv4 协议的新版本。作为 IPv4 的演进，它汲取了 IPv4 的精华，既继承了 IPv4 中工作得很好的功能，同时丢弃了 IPv4 的糟粕，即去除了 IPv4 中工作不好的功能。通过升级网络软件就可以过渡到 SIPP，并能和 IPv4 互操作。SIPP 既可以运行在 ATM 这样的高性能网络上，也可以运行在无线网络这样的低速网络上，它还能满足未来互联网新功能的需求。

SIPP 采用可扩展的 64 位地址，并提供更多的寻址结构。SIPP 改变了 IPv4 报头中选项的编码方式，提高了转发效率，为引入新的选项提供了更大的灵活性。SIPP 还引入"流"的概念来支持实时业务对服务质量的要求。

3. TUBA

TUBA 力图减少迁移到一个新的 IP 地址空间的风险。同时为满足互联网进行扩展的需求，TUBA 保持传输层和应用层不变，而把 IP 地址进行扩展，主张用 CLNP 来代替 IP。通过使用 CLNP 的地址 NSAP，TUBA 可以提供比 IPv4 地址空间更好的层次性。TUBA 提出逐步升级互联网中的主机和 DNS 服务器的长期迁移建议，并考虑了过渡时期的路由问题。

根据 RFC1726 的 17 个技术评议标准，RFC1752 认为 CATNIP 不够完整，以后不再考虑；但 SIPP 和 TUBA 也都有自己的问题，需要改进后才能替代 IPv4。SIPP 工作组的主席对 SIPP 进行了改进，包括将 IP 地址长度扩展到 128 位的固定长度、路由报头增强技术、IPv4 的 CIDR 技术，以及 TUBA 的自动配置和过渡技术等。RFC1752 将这个改进的建议推荐为 IPng，并使用版本号 6（版本号 5 已经在实验中被用掉），这就是 IPv6。正式的 IPv6 规范由 S. Deering 和 R. Hinden 于 1995 年 12 月在 RFC1883 中给出。此后，IPv6 规范本身以及和 IPv6 相关的协议屡经改进和完善，表 1-1 列出了一些主要的 RFC 供读者参考，已经废除的 RFC 也列在其中，以让读者了解 IPv6 的发展和完善过程。需要指出的是，IPv6 仍然是一个比较活跃的研究领域，现在仍然有与 IPv6 相关的 RFC 不断推出，研究和关注 IPv6 的读者需要及时到 IETF 的网站上获取最新的技术和信息。

表1-1　主要的RFC及说明

RFC编号 和年代	RFC名字	主要内容	说明
1970～1996	Neighbor Discovery for IPv6	IPv6的邻居发现协议	被RFC2461废除
1971～1996	IPv6 Stateless Address Autoconfiguration	IPv6的无状态地址自动配置	被RFC2462废除
2080～1997	RIPng for IPv6	IPv6的距离向量路由协议RIPng	4.2.1节详解
2373～1998	IP Version 6 Addressing Architecture	IPv6地址结构	被RFC3513废除
2460～1998	IPv6 Specification	IPv6规范	第3章详解
2461～1998	Neighbor Discovery for IPv6	IPv6的邻居发现协议	3.5节详解
2462～1998	IPv6 Stateless Address Autoconfiguration	IPv6的无状态地址自动配置	3.7.2节详解
2463～1998	ICMPv6 for IPv6	ICMPv6规范	3.4节详解

续表

RFC编号和年代	RFC名字	主要内容	说明
2465～1998	Management Information Base for IP Version 6:Textual Conventions and General Group	IPv6的管理信息基础	第6章详解
2471～1998	IPv6 Testing Address Allocation	IPv6测试地址分配	分配地址3ffe::/16
2545～1999	Use of BGP-4 Multiprotocol Extensions for IPv6 Inter-Domain Routing	IPv6的外部网关协议	4.3节有详解
2740～1999	OSPF for IPv6	IPv6的链路状态路由协议OSPF	4.2.2节有详解
2893～2000	Transition Mechanisms for IPv6 Hosts and Routers	过渡机制	被RFC4213废除
3315～2003	Dynamic Host Configuration Protocol for IPv6	IPv6有状态地址自动配置	3.7.1节详解
3493～2003	Basic Socket Interface Extensions for IPv6	IPv6的基本套接口扩展	IPv6网络编程时使用
3513～2003	IPv6 Addressing Architecture	IPv6地址结构	3.1节详解
3542～2003	Advanced Sockets Application Program Interface（API）for IPv6	IPv6的高级套接口API	IPv6网络编程时使用
3587～2003	IPv6 Global Unicast Address Format	IPv6单播地址格式	3.1节详解
3697～2004	IPv6 Flow Label Specification	IPv6流标签规范	
3701～2004	6bone（IPv6 Testing Address Allocation）Phaseout	IPv6测试地址分配过时	3ffe::/16将逐渐消失
3736～2004	Stateless DHCP Service for IPv6	IPv6的无状态DHCP服务	3.7.1节详解
3775～2004	Mobility Support in IPv6	移动IPv6	第8章详解
3810～2004	Multicast Listener Discovery Version 2（MLDv2）for IPv6	IPv6多播侦听协议版本2	3.6节详解
4068～2005	Fast Handovers for Mobile IPv6	移动IPv6中的快速切换	8.4.1节详解
4213～2005	Basic Transition Mechanisms for IPv6 Hosts and Routers.	过渡机制	第5章详解

注：1933～1996，Transition Mechanisms for IPv6 Hosts and Routers，过渡机制，被 RFC2893 废除。

1.3.1 IPv6 国际发展情况

在 IPv6 推广和部署方面，美国一开始反而态度不是特别积极，因为美国有较多的 IPv4 地址储备，人均 10 个 IPv4 地址。对 IPv6 比较重视的主要是一些欧洲和亚洲国家。欧洲重视是因为看到了赶超美国的机会，而亚洲则是因为相对于庞大的网络体系来说 IPv4 地址极度的匮乏，尤其是韩国和日本对 IPv6 非常有热情。

韩国信息通信部认定 IPv6 是需要建设的三个基础设施之一，通过支持引导性项目和开发设备来推动 IPv6 在韩国的发展，同时还提出了实现人均每年两万美元 GDP 的 IT839 计划。

在欧洲，3GPP 已经将 IPv6 作为未来全 IP 网络的基本协议。2001 年，欧盟成立了 IPv6 Task Force，专门制订欧盟的 IPv6 推广计划。2002 年 1 月，欧洲同时启动了两个为期 3 年的 IPv6 研究和实施计划：6NET 和 Euro6IX 实验网。

直到 2003 年，美国政府对 IPv6 的态度才开始有了变化。美国国防部在 2003 年宣布到 2008 年美国国防部的所有信息网络系统将全部升级到 IPv6。

下面简单介绍一下和 IPv6 相关的主要国际组织。

目前积极开展 IPv6 相关研究和标准制定的国际组织有：IETF、ICANN、IPv6 论坛（IPv6 Forum）、WIDE（Widely Integrated Distributed Environment）、3GPP（the 3rd Generation Partnership Project），以及 ITU-T 等。

1. IETF

IETF 成立了若干和 IPv6 相关的工作组，分别从事某一专题的研究。这些工作组包括：6LoWPAN（IPv6 over Low Power WPAN），研究无线个人网中的 IPv6；IPv6 即原来的 IPng 工作组，负责制定 IPv6 的标准和规范；MIP6（Mobility for IPv6），研究 IPv6 网络中的主机移动问题；MIPSHOP（MIPv6 Signaling and Handoff Optimization），专门研究移动 IPv6 中的信令和快速切换；Monami6（Mobile Nodes and Multiple Interfaces in IPv6），研究 IPv6 网络中的移动多模终端问题；MULTI6（Site Multihoming in IPv6），研究 IPv6 网络中的站点多穴问题，即 IPv6 站点如何通过来自不同 ISP 的多个连接接入 Internet；NEMO（Network Mobility），研究 IPv4 和 IPv6 中的整个网络的移动问题；SHIM6（Site Multihoming by IPv6 Intermediation），利用 MULTI6 工作组提出的体系结构，研究 IPv6 多穴站点中的主机如何使用多个连接，包括协议开发和协议安全性分析等；Softwires，2005 年 12 月新成立的软线工作组，对通过 IPv6 网络连接 IPv4 网络或者通过 IPv4 网络连接 IPv6 网络的发现、控制和封装方法进行标准化；v6ops（IPv6 Operations），原来的 NGtrans 工作组主要研究 IPv4 和 IPv6 如何共存和互通，以及 IPv4 如何向 IPv6 过渡的问题。

2. ICANN

ICANN 是互联网名称与数字地址分配机构，它是一个非盈利性的国际组织，负责 IP 地址（包括 IPv6 地址）的分配、协议标识符（包括 IPv6 协议标识符）的指派、通用顶级域名（gTLD）以及国家和地区顶级域名（ccTLD）的管理，以及根服务器系统的管理。这些服务最初是由 IANA 以及其他一些组织提供的。现在，ICANN 行使 IANA 的职能。ICANN 致力于维护互联网运行的稳定性，促进竞争，广泛代表全球互联网组织，以及通过自下而上和基于一致意见的程序制定与其使命相一致的政策。

IPv6 地址现在就是由 ICANN 分配给各个区域互联网注册处（Regional Internet Registry，RIR），再由各 RIR 分配给各自所管的国家或者 ISP。

3. IPv6 论坛

IPv6 论坛是 1999 年 7 月 17 日由来自北美、欧洲和亚洲的二十多家全球最大的电信厂商和 IT 厂商（包括 AT&T、BELLSOUTH、德国电信、英国电信、爱立信、意大利电信、思科、北电、IBM、微软、Nokia、日立、NTT 等）发起成立的一个非盈利性国际组织。该组织专门从事 IPv6 的宣传和推广工作，特别是有关 IPv6 的市场和部署的工作，包括建立开放性的国际 IPv6 专家论坛、在成员间共享 IPv6 知识和经验、促进基于 IPv6 的新应用和全球解决方案、促进 IPv6 标准在不同实现间的互操作性、合作实现端到端的服务质量、解决阻碍 IPv6 部署的障碍等。

4. WIDE

WIDE 组织成立于 1988 年，是由日本发起的产、学、研一体的 IPv6 研究开发组织。随着日本政府对 IPv6 支持力度的加大以及日本国内 IPv6 商用的进一步成熟，WIDE 组织在国际上的影响力越来越大。WIDE 组织建立了日本全国范围的科研实验床，并在该实验床上开展整个 OSI 7 层的科学研究，目前有七百多名研究人员和工程师在 WIDE 组织工作，他们来自一百多家公司和四十多所大学。

KAME 和 USAGI 是 WIDE 组织的两个项目。KAME 项目旨在为 BSD 系统提供 IPv6、IPSec（包括 IPv4 和 IPv6）、高级包排队以及移动性等的免费开源参考实现。USAGI 项目旨在增强 Linux 系统的 IPv6 环境，开发内容包括内核、库和基本的应用。USAGI 的所有开发成果都是免费开源的。2005 年 USAGI 的工作内容包括：支持 IPv6 高级 API（RFC3542），开发移动 IPv6 协议栈，开发 IPv6 NetFilter，支持 IPv6 多播路由机制，并将这些成果集成进 Linux 内核和 glibc。

5. 3GPP

鉴于 IPv6 的重要性以及 IPv6 对下一代网络（Next Generation Network，NGN）的巨大影响，欧洲下一代无线通信组织发起的 3GPP 标准化组织在 1997 年发布的 3G 框架中提出采用 IPv6。2001 年 5 月，3GPP 在 Release 5 中更明确地将 IPv6 确立为 3GPP 多媒体业务子系统 IMS 中强制支持的协议版本。3GPP 将 IPv6 作为提供 IP 话音和流媒体业务的 IP 多媒体子系统唯一使用的 IP 传输协议。尽管 IPv6 标准起源于互联网行业，但移动通信行业可能是 IPv6 最早和最大的受益者之一，甚至移动通信的 IPv6 能否顺利发展决定着 IPv6 的未来，也推动着 IPv6 相关标准的发展。

6. ITU-T

由于近几年 IP 技术的迅猛发展，特别是 VoIP 技术的发展，传统的电信标准受到很大影响。传统的国际电信标准归口单位——国际电信联盟电信标准委员会 ITU-T 也开始与 IETF 合作开展有关 IP 标准的制定工作。目前 ITU-T 有一个专门的 IP 标准计划，IPv6 有关的标准也列在其中。此外，ITU-T 也在呼吁参与 IP 地址的分配工作。

1.3.2　IPv6 国内发展情况

IPv6 在中国其实起步非常早，可以说远远早于世界各国。早在 1998 年，中国教育网 CERNET 首次把 IPv6 的概念引进国内，当时国际上对于 IPv6 都没有太多的讨论和声音。

2003 年，我国政府把 IPv6 的发展提上了日程，开始了对于 IPv6 的相关研究和部署。同年，由国家发展和改革委员会主导，中国工程院、科技部、教育部、中国科学院等八部委联合酝酿并启动了"中国下一代互联网示范工程（CNGI）项目"。

2004 年 12 月底，"中国下一代互联网示范工程（CNGI）项目"初步建成了下一代互联网，即纯 IPv6 网络——CERNET2，它连接中国 20 个主要城市的 25 个核心节点，为数百所高校和科研单位提供下一代互联网的高速接入，并通过中国下一代互联网交换中心 CNGI-6IX 高速连接国外下一代互联网。

虽然国内 IPv6 起步非常早，但是后来其发展却放缓了速度，发展至今，从 IPv6 领头羊的地位已经降至了世界落后水平。2016 年 12 月 7 日举行的"2016 全球网络技术大会（GNTC）"上，中国工程院院士、清华大学教授吴建平在演讲中表示，我国的发展可谓是"起了个大早，赶了个晚集"。

究其原因，有如下因素。

- NAT 技术。NAT 全称 Network Address Translation，即网络地址转换，是一个 IETF 标准，允许一个整体机构以一个公用 IP（Internet Protocol）地址出现在 Internet 上。顾名思义，它是一种把内部私有网络地址（IP 地址）翻译成合法网络 IP 地址的技术。换句话说，NAT 技术节约了海量的公有 IPv4 地址，变相地延缓了 IPv4 地址消耗的速度；很多专家都认为 NAT 是阻碍 IPv6 在我国发展的第一元凶。

- 安全隐患。其实对于 IPv6 的安全来说，大家众说纷纭意见不一。有人认为 IPv6 所自带的 IPSec 特性，肯定会比 IPv4 更安全；也有人认为 IPv6 相对于 IPv4 又多了一个可被攻击的通道，是不安全的。

- 互联网安全监管措施成本和代价。我国非常重视互联网安全，尤其是针对 IP 地址的安全体系和措施，光是 IPv4 的备案系统就有三套。一旦从 IPv4 更换为 IPv6，那么整体的架构和产品都要重新设计。

■ 政府支持也好，鼓励也罢，但是没有做出榜样。截至 2018 年年中，部委网站中只有教育网支持 IPv6；截至 2019 年 2 月，已超过 80% 的政府部委网站支持 IPv6 访问。

■ 没有经济效益。IPv6 和 IPv4 一样，都是通信标准协议而已，不像 4G、VR 和 AI 等应用技术可以带来明显的市场效益。IPv4 过渡至 IPv6，目前来看只是意味着成本、支出还有风险，所以大家的积极性不高。

■ 缺乏知识普及、方案、标准和创新意识等。大部分人其实不知道 IPv4 和 IPv6 的区别，以为过渡都是运营商的事情，只要接上 IPv6 带宽即可；知道区别以后，也不知道如何选择方案；选择了方案，也不知道改造完后是否就算成功了。

■ 我国的互联网产品缺乏应有的国际竞争，像国外的 Google、Facebook、Twitter、Instagram、LinkedIn 等都先后支持了 IPv6，而目前国内没有一家互联网产品可以支持 IPv6。截至 2019 年 2 月，中国电信、联通和移动均已向手机发放 IPv6 地址，手机应用支持 IPv6。优酷、网易和主要云计算服务提供商均开始支持 IPv6。

■ 我国的互联网并未与世界接轨，换言之，IPv6 的端口迟迟没有开放，国际的带宽也不够，国外 IPv6 服务也没有在中国落地，应用和网站上 IPv6 的迁移滞后，这些因素都严重拖了我国 IPv6 发展的后腿。

虽然有各种各样的主观和客观的原因，但是 IPv6 是未来互联网的必然趋势，既然是必经之路，那么我们就要排除万难迎头赶上。如果华为不支持 IPv6，那么华为的交换机、路由器和服务器等就不会在国外那么畅销；如果苹果手机不支持 IPv6，那么苹果手机就不会成为世界畅销品牌。同样，未来的互联网是 IPv6 的网络，如果想与世界接轨，如果不想在技术上被其他国家掐着脖子，就需要在全世界都认可的技术上和趋势上去努力，去学习，去实践，而不只是坐当看客。

第 2 章

IPv6 发展现状和机遇

2.1　IPv6 国际发展现状

随着互联网 IPv4 地址资源的枯竭，IPv6 地址可以保障地址使用量充足，更加适应全球移动互联网的创新发展。

全球移动互联网正在突飞猛进地发展，与此相伴的是互联网地址资源日渐枯竭，能够提供更多地址资源的 IPv6 因此被提上日程。与 IPv4 相比，IPv6 不仅能够提供充足的网络地址，而且能提供广阔的创新空间，适应移动互联网、物联网和 5G 等的发展，并且为提升互联网安全性创造机会，同时有利于 IPv4 时代的落后国家通过重新分配地址资源、改进全球根服务器布局，以扭转在 IPv4 时代的不利局面。

截至 2017 年年底，全球共有超过 220 个国家和地区组织申请了 IPv6 地址，申请量已经达到 IPv4 地址的 18 万多倍，其中 25.4% 的地址块已被宣告使用。全球 13 个根域名服务器中已有 11 个根域名服务器支持 IPv6。1346 个顶级域名服务器中已有 1318 个支持 IPv6，占比达 97.9%。全球活跃的 IPv6 路由条目超过 2.9 万条，支持 IPv6 的自治域超过 1.18 万个，已有超过 248 个运营商永久提供 IPv6 的接入服务。

目前全球已注册 1.95 亿多个网站域名，其中约有 763 万多个域名支持 IPv6 "AAAA 记录"，占比达到 3.90%。Alex 排名前 1000 的网站中有约 18.1% 的网站支持 IPv6 永久访问；Alex 排名前 100 万的网站中支持 IPv6 的网站数量约 23.3 万个。自 2016 年 6 月 1 日开始，苹果手机 APP 最先应用推出 IPv6-Only 网络，所有手机必须支持 IPv6-Only，提高了应用软件支持 IPv6 网络的比例。

国际互联网协会亚太区主任拉杰·内什辛格在最近的采访中提到，IPv6 已成为网络运营商的重要力量，IPv6 已成为一些主要网络运营商的网络主体，全球主要内容提供商流量的 20% 是通过 IPv6 传输。比利时、美国、德国等国的 IPv6 用户数、内容源、流量等均居于世界前列；亚洲国家中，印度 IPv6 部署率近 50%，日本 25%，而中国仅 6.5%，远远落后于印度、日本、马来西亚、越南等国家，如图 2-1 所示。

排名	国家	IPv6 Capable	IPv6 Preferred	排名	国家	IPv6 Capable	IPv6 Preferred
1	比利时	60.34%	38.07%	11	法国	23.24%	22.14%
2	印度	30.64%	47.86%	12	加拿大	21.74%	20.81%
3	德国	41.84%	40.57%	13	乌拉圭	21.69%	21.36%
4	美国	40.63%	38.91%	14	特立尼达和多巴哥	21.19%	20.82%
5	瑞士	38.95%	37.16%	15	巴西	19.80%	19.44%
6	希腊	36.94%	36.05%	16	芬兰	19.39%	17.98%
7	卢森堡	29.70%	28.97%	17	爱沙尼亚	19.10%	18.74%
8	英国	27.26%	26.78%	18	爱尔兰	18.64%	18.22%
9	日本	23.05%	22.33%	19	马来西亚	18.42%	17.39%
10	葡萄牙	23.72%	23.30%	20	澳大利亚	17.82%	16.87%

APNIC IPv6部署率（2017年11月）

图 2-1　APNIC 统计的各国 IPv6 部署率排名（2017 年 11 月）

全球知名移动运营商如 AT&T、Verizon Wireless、T-Mobile 等都以新建 LTE 网络为契机，积极部署 IPv6，实现 LTE 网络的 IPv6 端到端贯通，从网络侧为推动 IPv6 用户和流量快速提升创造了良好的条件，如图 2-2 所示。

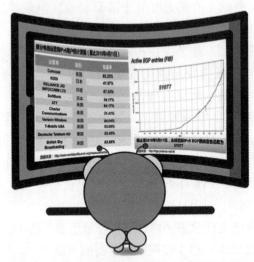

图 2-2　全球部分电信运营商 IPv6 用户统计测量（截止到 2018 年 4 月 11 日）

以 Google、Facebook 为首的互联网公司认定 IPv6 是必然趋势，坚决发力提前部署，从 2012 年起所有内容全面长期开启 IPv6，Google、Apple、Microsoft 三家巨头主导的终端操作系统全面支持 IPv6，并且实现了双栈环境下 IPv6 访问优先。APNIC 报告指出，全球约有 9000 个网站已经支持 IPv6 访问。2017 年，Alexa Top 1000 网站支持 IPv6 比例约

24%，如图 2-3 所示。

图 2-3　Alexa Top 1000 网站支持 IPv6 比例（2017 年）

以 Google 为例，根据 Google 网站访问统计，2017 年 1 月 1 日全球 IPv6 用户访问率达到 16.5%，2017 年 12 月 31 日 IPv6 的用户访问率达到 22.64%。2018 年年底 Google 的全球 IPv6 网络用户访问率将达到约 30%。

全球 IPv6 部署已经进入良性发展的快车道，从 2016 年到 2018 年年底，全球 IPv6 用户增幅超过 100%，总数已达 5.39 亿。其中，印度 IPv6 用户数位居世界第一，已达 4.71 亿。

2.2　IPv6 中国发展状况

我国基于 IPv6 的下一代互联网起步发展很早，早在 2001 年 11 月，杨嘉墀等 57 名院士致信国务院领导，提出建设我国下一代互联网的学术性高速主干网，国务院领导对此做出重要批示。2002 年 8 月 1 日，原国家计划委员会组织中国"下一代互联网战略研究"，成立"下一代互联网发展战略研究"专家委员会。2002 年 10 月完成"下一代互联网发展战略研究报告"。2003 年 3 月完成"中国下一代互联网示范工程 CNGI 实施方案建设"。2003 年 8 月，国务院批复同意国家发展改革委员会等八部委"关于推动我国下一代互联网发展有关工作的请示"，正式启动"中国下一代互联网示范工程 CNGI"，如图 2-4 所示。

图 2-4   八部委发布"关于推动我国下一代互联网发展有关工作的请示"的文件

经过五年的发展，第一期达到了预定的战略目标，但从 2008 年以后，IPv6 的发展开始放慢。导致 IPv6 在国内发展缓慢的主要原因为：第一，IPv6 和 IPv4 并不兼容，部署 IPv6 需要大范围地更新设备，国内企业没有太大动力去革新；第二，IPv6 协议下的互联网安全监管措施成本和代价高，也阻碍了 IPv6 的发展。

由于中国参与互联网建设比其他国家较晚，大部分的 IPv4 地址已经被分配出去，导致我国可用网络地址十分有限；另外一个原因是互联网产业在国内发展迅速，需要联网的设备包括移动设备数量剧增，使 IPv4 地址紧缺的问题更加严重。目前，国内企业主要通过在 IPv4 使用 NAT 技术来缓解 IP 地址不足的问题。但是 NAT 技术本身也有明显不足之处，直接影响到了未来的互联网应用。NAT 破坏了端到端的特性，使得 NAT 后面的私有地址用户在互联网上不可见，导致了多数点对点的业务无法顺利开展，影响了 FTP 等内嵌 IP 地址应用业务的正常应用，也使得众多网络安全协议无法执行，从而更加无法保障互联网的服务质量。因此，NAT 对于暂缓 IPv4 地址短缺这一问题并不是长久之计。IPv6 可以为下一代互联网实现端到端匹配，必将会成为未来互联网发展的趋势。

2.3   下一代互联网的前世今生

尽管我国 IPv6 发展较为缓慢，但并非止步不前，很多行业先驱们一直在努力，尤其是"中国下一代互联网示范工程（CNGI）"。

中国下一代互联网示范工程（CNGI）项目是由国家发展和改革委员会主导，中国工程院、科技部、教育部、中国科学院等八部委联合于 2003 年酝酿并启动的。下一轮互联网竞争，对中国来讲是一个绝好的发展机会。在全球移动互联网建设中，中国应在技术方面，利用我国优势，实现相关产品的产业化。

基于 CERNET2 技术，计划由 25 个节点扩展为 40 个，骨干网带宽从 10G 增加到 100G，国内接入 IPv6 的高校达到一千余所。CERNET2 基本实现采用国产设备和自主研发设计，首次提出了真实 IPv6 源地址网络寻址体系结构、IPv4 over IPv6 等创新技术，国产 IPv6 核心路由器达到 80%，传输速率为 2.5 ～ 10Gb/s。运营商、设备商、应用服务提供商大规模参与，对 IPv4 到 IPv6 的演进起到了比较好的验证作用。CERNET2 网络拓扑图如图 2-5 所示。

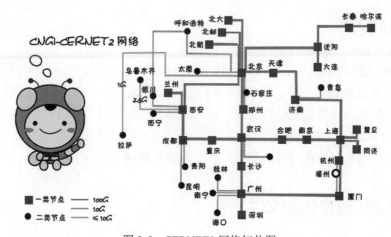

图 2-5　CERNET2 网络拓扑图

下一代互联网除了更快、更大、更安全、更及时、更方便这些特征外，它既是一个高度融合的网络，也将促进互联网络的快速变革。高度融合的网络特征主要体现在如下几个方面。

- 技术融合：电信技术、数据通信技术、移动通信技术、有线电视技术及计算机技术相互融合，出现了大量的混合各种技术的产品，如路由器支持话音、交换机提供分组接口等。

- 网络融合：传统独立的网络固定与移动、话音和数据开始融合，逐步形成一个统一的网络。

- 业务融合：未来的电信经营格局绝对不是数据和话音的地位之争，更多的是数据、话音两种业务的融合和促进，同时，图像业务也会成为未来电信业务的有机组成部分，从而形成话音、数据、图像三种在传统意义上完全不同的业务模式的全面融合。大量话音、数据、视频融合的业务，如 VOD、VoIP、IP 智能网、Web 呼叫中心等业务不断广泛应用，网络融合使得网络业务表现更为丰富。
- 产业融合：网络融合和业务融合必然导致传统的电信业、移动通信业、有线电视业、数据通信业和信息服务业的融合，数据通信厂商、计算机厂商开始进入电信制造业，传统电信厂商大量收购数据厂商。

2.4   政府对发展 IPv6 的支持

2.4.1   两办文件

发展 IPv6 是推动全球互联网向下一代网络过渡的工作重点，实现 IPv6 网络全面部署的战略发展。在这样的情况下，发展 IPv6 已经成为推进互联网向下一代网络演进的重点任务，成为实现经济高质量发展的支撑，以及实现"网络强国"战略的关键。

2017 年 11 月 26 日，中央办公厅、国务院办公厅联合印发《推进互联网协议第六版（IPv6）规模部署行动计划》（简称《行动计划》），为部署 IPv6 提供了行动指南。

2.4.2   工业和信息化部文件

2018 年 5 月，工业和信息化部发布《关于贯彻落实＜推进互联网协议第六版（IPv6）规模部署行动计划＞的通知》，提出落地 IPv6 的详细措施。

2.5   国内 IPv6 发展所取得的成绩

2011 年年底和 2012 年年初，我国政府相关部门从战略高度明确提出 IPv6 在我国的商用时间表。我国在技术研发、网络建设、应用创新方面取得了重要阶段性成果。2003 年前，国际互联网标准有 3000 多个，中国只有一个，而且还是国际合作的关于中文编码在互联网的转换标准。此前，中国工程院吴建平院士在采访中提到，经过 14 年的努力，现在国际互联网 8000 个标准中，中国已经有 80 多个，从 1/3000 变成 1%，已具备大规模部署的基础和条件。

通过不断的努力和中国国际地位的不断提高，在 IPv6 协议讨论及全球布网过程中，中国都走在了前列。由下一代互联网国家工程中心牵头发起的"雪人计划"已于 2016 年在美国、日本、印度、俄罗斯、德国、法国等全球 16 个国家完成 25 台 IPv6 根服务器实验床的架设，其中 1 台主根和 3 台辅根部署在中国，事实上形成了 13 台"原有根"加 25 台"IPv6 根"的新格局，一举打破了 IPv4 时代中国在根服务器上受制于人的局面。

在两办文件的支持和工业和信息化部文件的指导下，业界积极行动，从骨干网、LTE 网络、应用基础设施等方面加强 IPv6 改造，推动 IPv6 取得了阶段性的成果。

三大基础运营商，骨干网设备已全部支持 IPv6，城域网设备 IPv6 支持度达 95%，如图 2-6 和图 2-7 所示。

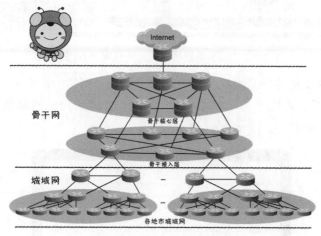

图 2-6　骨干网均支持 IPv6

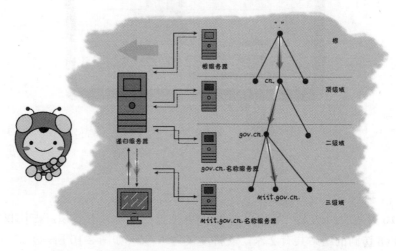

图 2-7　我国常用公共递归解析服务 100% 支持 IPv6 解析

域名系统基本支持 IPv6 解析,据中国信息通信研究院互联网监测分析平台监测,114 DNS、阿里巴巴、腾讯、百度等公司的公共 DNS 全部支持 IPv6 解析,如图 2-8 所示。

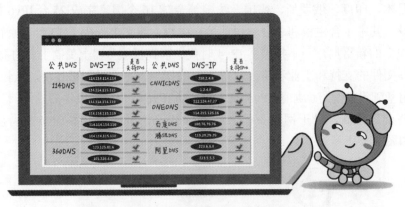

图 2-8　中国信息通信研究院的互联网监测平台

网站对于 IPv6 支持的情况较差,在 TOP1000 的商业网站中,主页域名可解析 IPv6 地址的网站共有 43 家,占比仅为 4.3%;主页可通过 IPv6 访问的网站共有 26 家,占比仅为 2.6%(如图 2-9 所示)。

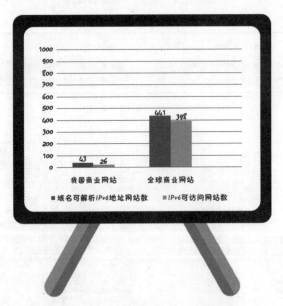

图 2-9　主页可通过 IPv6 访问的网站

我国 116 家政府网站主页域名可解析 IPv6 地址的网站共有 4 家,占比仅为 3.4%;主页可通过 IPv6 访问的网站共有 2 家,支持度仅为 1.7%(如图 2-10 所示)。

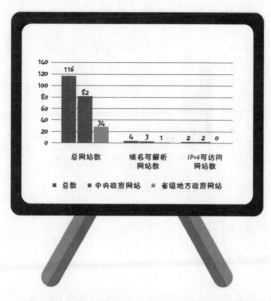

图 2-10　我国 116 家政府网站主页域名可解析 IPv6 地址分布情况

　　我国 97 个央企网站的主页域名可解析 IPv6 地址的网站有 3 家，占比仅 3.1%；主页可通过 IPv6 访问的网站共有 1 家，支持度仅为 1.0%（如图 2-11 所示）。

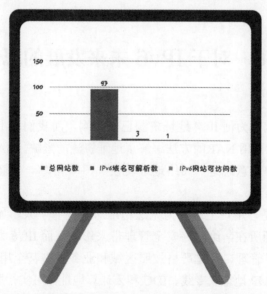

图 2-11　我国 97 个央企网站的主页域名可解析 IPv6 地址分布情况

　　我国 96 家媒体网站中主页域名可解析 IPv6 地址的共有 4 家，占比仅为 4.2%；主页可通过 IPv6 访问的网站共有 2 家，支持度仅 2.1%（如图 2-12 所示）。

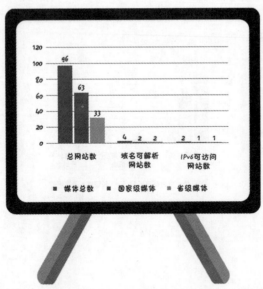

图 2-12　我国 96 家媒体网站中主页域名可解析 IPv6 地址分布情况

走在行业最前列的是网络设备商、终端设备商和服务器软件商，目前市场主流软硬件都支持 IPv6。

2.6　对于 IPv6 未来发展的思考

也许有人会有疑问，为何 IPv4 地址资源已经枯竭，而我们的上网行为却没有受到影响？这是因为很多企业采用 NAT 的方法缓解了地址资源的紧缺，NAT 英文全称为 Network Address Translation，中文意思是"网络地址转换"，即允许一个整体机构以一个公用 IP 地址出现在 Internet 上。

NAT 带来的问题是，用户上网行为无法精准对应到一个人，如果发生安全问题，无法精准查找出问题根源所在，给网络安全管理带来影响。而 IPv6 为每个联网终端都赋予一个地址，可实现精准管理，通过严格按照区域和业务类型甚至用户类型进行 IPv6 地址分配，能精准追溯特定 IP 地址、专线、IDC 和云计算地址，可实行服务类型按区域管理、精细化检测与防护及监控。同时还有利于改变根服务器的落后局面，根服务器负责互联网最顶级的域名解析，是互联网的"中枢神经"。而在 IPv4 时代，全球共有 13 台根服务器，美国独占其中 10 台，其他英国、瑞典、日本各一台。中国虽然网民最多，但却受制于人，一台根服务器也没有。

正因为如此，国家对 IPv6 的关注度急剧提升。我国对 IPv6 的发展重视程度提高，根据"两办"发布的《行动计划》，我国要用 5 ～ 10 年时间，形成下一代互联网自主技术体系和产业生态，建成全球最大规模的 IPv6 商业应用网络。

除了总体目标，《行动计划》还提出了具体的时间表和路线图：2018 年年底之前为启动期，目标是在 2018 年年底基本形成市场驱动的环境，IPv6 用户达到 2 亿户；2019—2020 年年末为完善期，完善市场驱动的良性环境，IPv6 用户超过 5 亿户；2021—2025 年年末为成熟期，实现我国 IPv6 网络规模、用户规模和流量规模位居世界第一，网络、应用、终端全面支持 IPv6，全面完成向下一代互联网的平滑演进升级，同时形成全球领先的下一代互联网技术产业体系。

就上述三个阶段而言，第三个阶段为关键期，因为只有规模和占比都达到一定水平，才能真正实现 IPv6 时代我国战略地位的提升。

物联网、移动互联网等新业务场景也将促使 IPv6 广泛应用。2016 年全球物联网安装设备已达到 148 亿台，2020 年物联网设备安装量将超过 270 亿台，由于物联网的急速发展，各种物联终端将对地址空间提出海量的需求，同时考虑到安全性、移动性和服务质量等方面的要求，会进一步催化 IPv6 的加速部署。移动通信标准从 3GPP R8 起就已默认支持 IPv6，未来的 5G 标准更是全面支持 IPv6，全球各大运营商已经在其移动通信网络里改造升级了 IPv6，移动互联网 APP 大规模适配 IPv6-Only 标准，预计 2020 年全球 66% 的移动设备将具有连接 IPv6 网络的能力。同时，IPv6 协议也给这些新兴业务场景带来了更加适配的网络安全机制。随着 5G 的部署、移动互联网和物联网的蓬勃发展，必然将极大地促进 IPv6 协议落地，而随着互联网用户中移动用户比例的持续上升，可能会倒逼传统互联网加速向 IPv6 进行变更。

国内 IPv6 产业普及布局完备，客户端设备有望迎来机遇。鉴于 IPv6 巨大的应用和产业前景，中国的网络运营者们早已开始了 IPv6 在国内的部署。其中，教育网已经拥有超过 600 万的 IPv6 用户，是全球最大的纯 IPv6 网络，三大运营商也建成了大规模的 IPv6 商用网络，运营商的核心网络已经能够做到全部支持 IPv6，并且在向 IPv6 演进的过程中，实现了上亿级用户的过渡运营体系。另一方面，国内主要的商业网站，包括腾讯、百度、阿里巴巴等也都制订了分阶段的 IPv6 演进计划，未来将覆盖社交、游戏、邮件、视频等各大应用领域。国内的大型网络设备商也对路由交换等产品做好了 IPv6 的软硬件配置方案，可以随时向企业客户提供全面的 IPv6 设备改造升级。随着 IPv6 的规模化应用，网络设备商们将迎来一波客户端硬件升级替换的浪潮，从而受益于全产业链的联动效应，客户端设备领域有望实现高增长。

一句话，我国 IPv6 的发展，需要各行各业共同努力，齐心协力，同步改造，互相配合，才能尽早实现我国"网络强国"的战略目标。

第 3 章

IPv6 基础知识

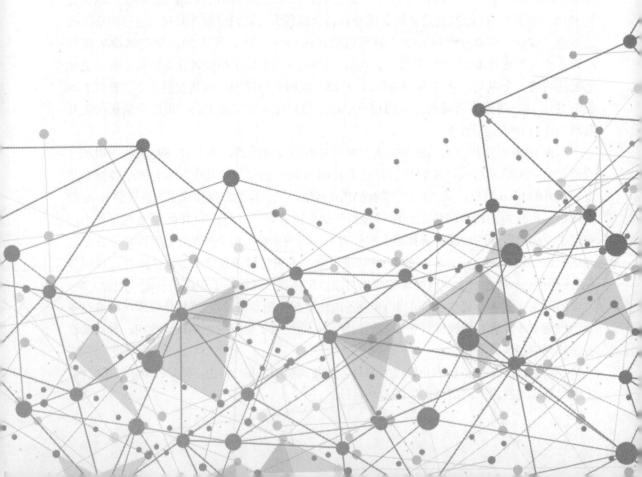

3.1　IPv6 地址分类及报文格式

3.1.1　IPv6 地址表现形式

　　IPv6 地址的掩码长度是 128 位，是 IPv4 地址掩码长度的 4 倍。理论上，IPv6 地址一共有 2^{128} 个，总数超过 3.4 万亿万亿万亿个，这简直是一个天文数字。有人戏称，IPv6 的地址数量足够给地球表面每一颗砂粒分配一个地址。

　　IPv6 与 IPv4 除了地址数量的差异外，在地址表现形式上也不一样，IPv6 的格式为 X:X:X:X:X:X:X:X，其中每个 X 代表 16 位，以十六进制显示，如：1002:003B:456C:678D: 890E:0012:234F:56G7。

　　因为 IPv6 地址长度很大，而且经常连续出现多个 0，所以为了读写更方便，出现了一些 IPv6 地址简化写法。简化方法如下：

　　（1）每一段中开始的 0 可以省略。

　　例如：1002:003B:456C:678D:890E:0012:234F:56G7，也可以表示为：
1002:3B:456C:678D:890E:12:234F:56G7。

　　（2）如果其中有一段全是 0，则可以用一个 0 来代替。

　　例如：1002:003B:456C:678D:890E:0000:0000:56G7，也可以表示为：
1002:003B:456C:678D:890E:0:0:56G7。

　　（3）如果有一段或连续几段都是 0，那么这些段可以用一个 "::" 来标识。

　　例如：1002:003B:456C:678D:890E:0000:0000:56G7，也可以表示为：
1002:003B:456C:678D:890E::56G7。

　　（4）如果 "::" 在简化表示的 IPv6 地址中出现，则最多只能出现一次。

　　例如，如果有这样一个 IPv6 地址 2001:250:f004:0000:0000:8e00:0000:ef01，那么如下的简化表示是正确的：

　　2001:250:f004::8e00:0:ef01

但是，如下简化表示是错误的：

2001:250:f004::8e00::ef01

2001:250:f004:0:0:8e00::ef01

如果有这样一个 IPv6 地址 2401:BE00:0000:0000:0000:0000:0000:0000，那么它也可以表示为：

2401:BE00::

IPv6 地址表现形式如图 3-1 所示。

图 3-1　IPv6 地址表现形式

其实，这很容易理解，因为如果简化表示法中有两个或更多的 "::" 出现，那么无法确定每个 "::" 各代表几个全 0 段。

IPv6 还有一种 "地址/前缀长度" 的表示方法，这点与用于无类域间路由 CIDR（Classless Inter-Domain Routing）的 IPv4 地址表示形式很相似。表示形式是：IPv6 地址/前缀长度。

其中，"IPv6 地址" 部分是前面所讲的 IPv6 地址形式；"前缀长度" 部分是一个十进制数，表示该地址的前多少位是地址前缀。

例如，如果有这样一个 IPv6 地址 2001:250:f004:f001:e150:b95:f71e:ccb6，其地址前缀是 64 位，那么可以这样表示：

2001:250:f004:f001:e150:b95:f71e:ccb6/64。

另外，在 IPv6 与 IPv4 混合的环境下，还有一种 IPv6 地址表示形式，如下所示：

fe80:0:0:0:0:5efe:202.112.64.1

前面 "fe80:0:0:0:0:5efe" 是十六进制的 IPv6 地址格式，后面 "202.112.64.1" 是十进制 IPv4 地址格式。

3.1.2　IPv6 地址分类

总的来说 IPv6 地址可以分为三类：单播地址、多播地址和任播地址。

1. 单播地址

单播地址（Unicast Address）是 IP 网络中最常见的，它指的是主机之间"一对一"的通信方式。它标识了一个单独的 IPv6 接口，每个接口必须有一个与之对应的单播地址。IPv6 单播地址功能与 IPv4 地址一样受制于 CIDR，由两部分组成，一部分用来标识网络，一部分用来标识接口。在特定边界上将地址分为两部分，地址高位部分包含路由前缀，地址低位部分包含网络接口标识符。

单播地址包含四种类型：全球单播地址、本地单播地址、兼容性地址、特殊地址。全球单播地址的一般格式如图 3-2 所示。

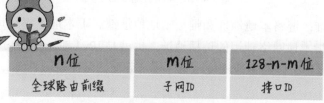

n位	m位	128-n-m 位
全球路由前缀	子网ID	接口ID

图 3-2　全球单播地址的一般格式

- 全球路由前缀（global routing prefix）：这是第一级地址，占 48 位，分配给各公司和机构，用于 Internet 中路由器的路由选择。
- 子网 ID（subnet ID）：这是第二级地址，占 16 位，用于各公司和机构创建自己的子网。
- 接口 ID（interface ID）：这是第三级地址，占 64 位，用于指明主机或路由器单个网络接口，这在同一子网内是唯一的。

现阶段，IPv4 与 IPv6 需要共存，在 IPv6 的传输机制中包含一项可以在 IPv4 网络上传输 IPv6 数据报的技术，这些路由器既可以支持 IPv4，也可以支持 IPv6。如果要使用这项技术，就需要给 IPv6 的节点分配一个嵌入 IPv4 地址的 IPv6 地址，这被称作 IPv4 兼容地址。该地址的前 80 位都是 0，第 81 ~ 96 位是 0000，最后 32 位是 IPv4 地址。具体格式如图 3-3 所示。

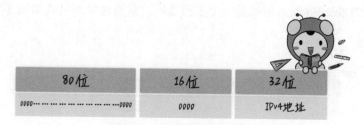

80位	16位	32位
0000··· ··· ··· ··· ···0000	0000	IPv4地址

图 3-3　IPv4 兼容地址的格式

注意：这里使用的 IPv4 地址必须是全球唯一的 IPv4 单播地址。还有一种和 IPv4 兼容地址很相似，也是嵌入 IPv4 地址的 IPv6 地址，叫作 IPv4 映射地址。它可以把 IPv4 地址映射为 IPv6 地址。只是格式上有些略微不同，第 81 ~ 96 位是 ffff。具体格式如图 3-4 所示。

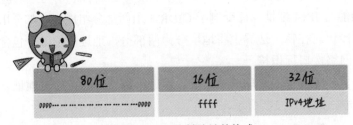

图 3-4　IPv4 映射地址的格式

本地单播地址：链路本地地址和唯一本地地址都属于本地单播地址。在 IPv6 中，本地单播地址就是指本地网络使用的单播地址，也就是 IPv4 地址中的局域网专用地址。每个接口上至少要有一个链路本地地址，另外还可分配任何类型（单播、任播和组播）或范围的 IPv6 地址。

特殊地址：包括未指定地址和环回地址。未指定地址（0:0:0:0:0:0:0:0 或 ::）仅用于表示某个地址不存在。它等价于 IPv4 未指定地址 0.0.0.0。未指定地址通常被用作尝实验证暂定地址唯一性数据包的源地址，并且永远不会指派给某个接口或被用作目标地址。环回地址（0:0:0:0:0:0:0:1 或 ::1）用于标识环回接口，允许节点将数据包发送给自己。它等价于 IPv4 环回地址 127.0.0.1。发送到环回地址的数据包永远不会发送给某个链接，也永远不会通过 IPv6 路由器转发。

2. 多播地址

多播地址（Multicast Address）也叫组播、多点广播或群播，指把信息同时传递给一组目的地址。它的使用策略是最高效的，因为消息在每条网络链路上只传递一次，而且只有在链路分叉的时候，消息才会被复制。多播地址格式以 11111111 开头，即 ff 为前缀，4b 的标志位，4b 组播范围和 112b 多播组标识符（组 ID）组成。例如，ff23::c156:67de:788b:cf9b 表示的就是一个多播地址。多播地址的格式如图 3-5 所示。

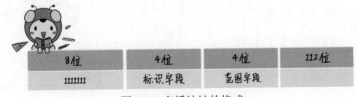

图 3-5　多播地址的格式

- 标志字段：4b，该字段用于说明组播地址是"永久性（由IANA指定的一个地址）"的，还是"临时性"的。其高3b位为0，剩下的低1b位用于判断多播地址是"永久性"还是"临时性"的。如果低1b位为0，则表示为"永久性多播地址"，也就是一个众所周知的多播地址。
- 范围字段：4b，用于定义组播地址的范围类型，包括本地接口范围、本地链路范围、本地子网范围、本地管理范围、本地站点范围等。具体如下：

0—保留

1—本地接口范围

2—本地链路范围

3—保留

4—本地管理范围

5—本地站点范围

8—机构本地范围

14—全球范围

15—保留

其他—未分配

例如：ff02::1:3表示的是链路本地范围内的所有DHCPv6服务器。

3. 任播地址

任播地址（Anycast Address）是一种网络寻址和路由的策略，使得数据可以根据路由拓扑来决定送到"最近"或"最好"的目的地。如何确定这个"最近"的接口，由路由选择协议确定。在任播中，在网络地址和网络节点之间存在一对多的关系：每一个地址对应一群接收节点，但在任何给定时间，只有其中之一可以接收到发送端来的信息。在互联网中，通常使用边界网关协议（Border Gateway Protocol，BGP）来实现任播。

3.1.3　IPv6 报文格式

RFC2460定义了IPv6数据报的格式。总体结构上，IPv6数据报格式与IPv4数据报格式是一样的，也是由IP报头和数据（在IPv6中称为有效载荷）这两个部分组成的，但在IPv6数据报的数据部分还可以包括0个或者多个IPv6扩展报头（extension header），如图3-6所示。IP报头部分固定为40B长度，而有效载荷部分最长不得超过65535B。

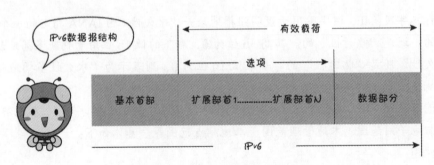

图 3-6　IPv6 数据报文结构

- 基本报头：包含报文转发所需的基本信息，路由器通过解析该信息就能完成绝大多数的报文转发任务。
- 扩展报头：包括一些扩展的报文转发信息，该部分不是必需的，也不是每个路由器都需要处理，一般只有目的路由器（或者主机）才处理扩展报头。
- 数据部分：一般由上层协议报头及其有效载荷构成，该部分与 IPv4 的上层协议数据单元没有任何区别。

IPv6 和 IPv4 之间的最大差别在于：IP 地址的长度从 32 位到 128 位。IPv4 最大地址个数为 2^{32}，而 IPv6 最大地址个数为 2^{128}。

通过删减 IPv4 报头中的某些字段，或把某些字段移到扩展报头中，这样 IPv6 基本报头的总长度就大大减小了。因为 IPv6 使用的是固定长度的基本报头，简化了转发设备对 IPv6 报文的处理，所以在转发效率上也得到明显提高。虽然 IPv6 比 IPv4 的地址长度多 4 倍，但 IPv6 基本报头的长度只有 40B，为固定的 IPv4 报文头长度（不包括选项字段）的 2 倍。

3.2　IPv6 配置与路由协议

IPv6 的配置主要思想是将一台计算机设置为"服务器"，安装虚拟路由，并将原来的路由改为"交换机"，其他计算机设置成"客户端"，以达到多机单 IP 同时使用 IPv6 网络的目的。配置方法分以下 4 个步骤：

（1）在每台机器上安装 IPv6 协议；

（2）修改路由器；

（3）设置主机；

（4）设置分机。

首先区分两个概念，那就是路由协议（Routing Protocols）和可被路由协议（Routed Protocols）。路由协议允许路由器动态地公告和学习路由，从而决定哪一条路径是可以到达，并且是最有效到达目的地的路由，是一种为路由器寻找路径的协议，因此称为路由协议。还有一些协议是能够为用户数据提供足够的被路由信息，例如逻辑地址，这种协议称为可被路由协议。用户数据要想被路由，即能够穿越网络，它必须经过可被路由协议封装。例如，IP数据报能被路由，因此，IP协议是一个可被路由协议。

3.2.1 无状态地址自动配置协议和IPv6动态主机配置协议

首先看看IPv4动态配置IP地址的过程。在IPv4中。动态主机配置协议（Dynamic Host Configuration Protocol，DHCP）实现了主机IP地址及其相关信息的自动配置。一个DHCP服务器有一个IP地址池，主机通过DHCP服务器获取IP地址并得到一些其他的相关信息，例如缺省网关、DNS服务器等，从而实现自动配置主机IP地址的目的。

IPv6的自动配置中包含两种技术：一种是传统的有状态自动配置，典型代表就是与IPv4时代相对应的DHCPv6；另一种是IPv6的无状态自动配置，典型代表是RADVD。这是IPv6协议的一个突出特点：支持网络节点的地址自动配置。

在无状态地址自动配置技术中，网络接口接收路由器宣告的全局地址前缀，再结合接口ID得到一个可聚集全局单播地址。在有状态地址自动配置技术下，通过采用动态主机配置协议，需要配备专门的DHCP服务器，网络接口通过客户端/服务器模式从DHCP服务器处得到地址配置信息。

具体来说，以RADVD为代表的无状态自动配置不需要消耗很多机器资源，也不像传统DHCP一样需要维护一个本地数据库来维护地址分配状态，它只是广播前缀地址，客户端收到这种广播后再自己使用EUI64算法生成全球唯一的IPv6地址，进行自我配置。

因此，RADVD不能进行NTP/DNS等其他传统DHCP服务器所能进行的配置。甚至严格地说，它只进行路由广播，地址都是客户端自己根据算法和规范进行配置。

DPCHv6恰好完全相反，地址池的计算、管理全部是服务器端在做，客户端只是简单地从服务器端取得已经计算好的地址和其他设置应用到自己身上。

因此，为了兼容EUI64算法，RADVD所能进行管理的地址段要比DHCPv6小很多，如果希望这种无序的自动化管理，并且只是配地址，可以使用REDVD，反过来，如果希望为客户端指定更加详细的DNS设定、NTP设定等，可以考虑DHCPv6+RADVD（stateless）或者一种细致的地址管理，应该选择DHCPv6+RADVD（stateful）。

3.2.2 静态路由和动态路由

1. 静态路由

每一台路由器工作时都会有一个路由表，为路由器的选路提供依据。在路由表的表项（也就是通常所说的路由）中，那些人为设置的，就是这里讨论的静态路由。静态路由不随网络拓扑的变化而变化，不论它所指示的路径是否有用，只要不人为删除，它总是存在于路由表中。

静态路由具有以下优点：

- 简单、高效、可靠；
- 比动态路由协议需要更少的带宽；
- 占用 CPU 处理时间比较少；
- 在小型网络上容易配置，便于维护路由表。

静态路由的缺点：

- 配置和维护比较耗费时间；
- 配置容易出错，尤其是在大型网络中；
- 不能随着网络的扩展而扩展，维护起来比较麻烦；
- 希望将一部分网络隐藏起来，静态路由可以达到这样的目的。

2. 动态路由

动态路由，是指路由器能够自动建立自己的路由表，并能够根据网络结构的变化而适时进行调整。如果网络中节点与节点间的链路发生故障，此时存在其他可用路由时，动态路由会自行切换至可用路径进行报文转发。

动态路由具有以下优点：

- 无须管理员手工维护，减轻管理员的工作负担；
- 占用网络带宽；
- 在路由器上运行路由协议，使路由器可以自动根据网络拓扑结构的变化调整路由条目；
- 适用于规模大、拓扑复杂的网络。

当网络的拓扑结构发生变化或某条路由出现故障时，动态路由可以自动更新路由表。动态路由器指的就是能够动态配置路由表的路由器。它通过路由器之间的实时通信可以自动建立和维护路由表。路由器之间是根据路由协议进行通信的。路由器之间周期性地交换路由表的。除了最初的配置，动态路由器几乎很少需要即时维护，因此可以适用于较大型的网络。

由于具有度量和恢复网络故障的能力，因此动态路由是中型、大型网络较好的选择。常见的动态路由协议有：RIPng、OSPFv3、IS-ISv6、BGP4+等。

1）RIPng 概述

RIPng（Routing Information Protocol next generation，RIP 协议下一代）是一种基于 IPv6 网络和算法的协议，它通过距离向量算法来计算到达目的地的最佳路径。

在 IPv4 中，使用最广泛的基于距离向量的路由协议是路由信息协议 RIP。RIP 经过多年的应用，已经较为成熟和稳定。RIP 最大的优点就是比较简单，在中小规模、拓扑结构比较简单的网络上易于管理和维护。但对于较大规模的网络，由于其选路存在环路以及计数到无穷大等问题，选路性能不如基于链路状态的协议（如 OSPF），因而较少被采用。考虑到 RIP 与 IPv6 存在兼容性的问题，IETF 对现有技术进行升级改造，制定出 IPv6 下的 RIP 标准，即 RIPng。

RIPng 使用 Bellman-Ford 距离向量算法来决定到达目的地的最佳路径。RIPng 使用跳数（hop count）作为度量。RIPng 允许路由器在基于 IPv6 的网络上交换信息从而计算路由。RIPng 一般作为中等或偏小规模的网络自治系统中的内部网关协议。

2）OSPFv3 概述

OSPFv3 是 OSPF version 3（Open Shortest Path First version 3）的简称，它应用于 IPv6 网络中，基于 OSPFv2 进行修改，是一个独立的路由协议。OSPFv3 在 RFC2740 中定义。

随着全球互联网技术的飞速发展，基于 IPv4 的 OSPF 路由协议已成为广域网、企业网采用最多、应用最广泛的路由协议之一。OSPF 路由协议是一种链路状态型路由协议，一般在同一个路由域内。路由域是指在一个自治系统（Autonomous System，AS）中，一组通过统一的路由策略或路由协议互相交换路由信息的网络。作为一种链路状态的路由协议，OSPF 与距离向量路由协议的不同之处是将链路状态公告（Link State Advertisement，LSA）传送给在某一区域内的所有路由器，而使用距离向量路由协议的路由器则将全部或部分的路由表传递给与其相邻的路由器。

从 IPv4 向 IPv6 过渡的阶段，OSPFv3 作为下一代网络中的核心路由技术，已引起学术领域的高度重视和深入研究，并逐渐成为 IPv6 网络中路由技术的主流协议。OSPFv3 是专为 IPv6 设计的，也是基于链路状态的动态路由协议，同时也是一个为运行在单个自治系统上的路由协议而设计的。OSPFv3 在协议设计思路和协议结构上和 OSPFv2 很相似。在 OSPFv3 中，每个路由器都有描述其当前状态和接口状态的 LSA，每台 IPv6 路由器有效地公告各种 LSA。

在链路状态数据库中总存在大量的 LSA 集合，每台路由器计算以自己为根的一个最短路径树，这些路径最终成为 IPv6 路由表中的 OSPFv3 路由。为了减少 LSDB 的大小，OSPFv3 允许创建区域。一个区域是一组连续的网段。在所有 OSPFv3 网络中，至少有一个区域称为骨干域。OSPFv3 允许在其边界上进行路由信息汇总。

3）IS-ISv6 概述

除了 OSPFv3，IS-ISv6 也是被广泛使用的链路状态路由协议。IS-IS（Intermediate System-to-Intermediate System，中间系统到中间系统）定义在 ISO 文档 10589 中，最初是应用在 CLNS 网络的动态协议。由于 IS-IS 具有良好的扩展性，它首先扩展支持了 IPv4 路由协议的功能（RFC1195），有人将这种既能为 IP 服务，又能为 CLNS 服务的协议叫作集成的 IS-IS。

按照类似的方法，IS-IS 也可以通过扩展来支持 IPv6 的路由信息。针对 IPv6 的 IS-IS 协议标准草案已经讨论过多次，但目前还没有形成正式的 RFC 标准。该草案通过在 IS-IS 数据报文（Hello、LSP 和 SNP）中引入 TLV（可变长度的数据域），使其支持 IPv6 路由功能。草案中只是增加了有关 IPv6 的 TLV，邻居数据库、拓扑数据库的建立和维护上依旧保持了 ISO10589 和 RFCl195 的模式。因此，CLNSIPv4 和 IPv6 具有相同的拓扑结构，我们将这种实现方式称作 IS-ISv6 单一拓扑模式。

人们很快发现，由于单一拓扑模式在 IPv4 和 IPv6 网络完全重合的要求上存在不足，限制了 IPv6 网络的部署。IPv4 的数据报文错误地被转发到 IPv6 网络，造成路由的错乱和麻烦，无法同时满足 IPv4、IPv6 对扩展范围的需求。IS-ISv6 多重拓扑模式的出现彻底解决了这些问题，它通过 IPv4 和 IPv6 不同的网络拓扑避免了两个网络必须一致的限制。多重拓扑模式为 IPv4 和 IPv6 网络分别建立了一套拓扑数据库，并进行最短路径优先算法的计算。这样 IPv4 和 IPv6 就拥有了相互独立的路由子系统，使 IPv6 网络的建设彻底摆脱了 IPv4 的限制，也给 IPv6 网络的快速发展提供了条件。

目前 IS-ISv6 还处于草案阶段，没有发布正式的 RFC，而且和 OSPF 的起源相同（OSPF 来源于 IS-IS 的一个早期版本）。

4）BGP4+ 概述

为了使 BGP4（Border Gateway Protocol 4）能够支持 IPv6 等多种网络层协议，BGP4 进行了扩展即 BGP4+。RFC1771 中定义了边界网关协议，它是目前使用最广泛的 IPv4 外部路由协议。1999 年，为了能够支持非典型性网络通信的需求，在 BGP4 的报文中加入了一些新的字段，这些新的字段及属性被称为多协议扩展，这些扩展最初是假设用来支持多播路由的。这些新的字段同样也可以用来传播 IPv6 的地址信息，后来这些扩展对 MPLS 也提供了支持。扩展的 BGP 版本被称为 BGP4+ 或者多协议（MultiProtocol）BGP，在当前的网络环境中普遍使用这个扩展的 BGP 来传播 IPv6 的路由信息。

6BGP4+ 属于距离向量协议，它的基本功能是在自治系统间自动交换无环路的路由信息。它引入了 NLRI 的两个属性，分别是 MP_REACH_NLRI 和 MP_UNREACH_NLRI，分别用来公告可达路由和下一跳路由信息，及用来撤销不可达路由。这两者都属于可选非传递属性，以便与 BGP 进行通信。Next_Hop 的属性是用 IPv6 地址来标识，用 IPv6 全球单播地址或者下一跳的链路本地地址都可以。

　　IPv6 的 RIPng 协议和 OSPFv3 协议都在一个自治系统内部使用，与这两个协议不同，BGP4+ 协议被设计在多个自治系统之间进行路由信息交换。BGP4+ 协议的路由信息在多个自治系统之间建立逻辑路径树。然后 BGP4+ 路由器使用路径树中的信息在自己的路由表中建立无循环的路由。BGP4+ 是一种域间路由协议，它处理各 ISP 间的路由传递。其具有丰富的路由策略的特点，这是 OSPFv3、RIPng 等协议不具备的。BGP4+ 通过在 ISP 边界路由器上增加过滤路由的策略，把 BGP、OSPFv3、RIPng 等路由发送到对方。随着 IPv6 实验网络的大量组建，BGP4+ 将得到越来越多的应用。

　　综上所述，BGP4+ 之所以能够在 IPv6 网络中得以应用，是因为通过利用 BGP4 的多协议扩展属性来实现的，而 BGP4 的消息机制和路由机制在 BGP4+ 中并没有发生变化。因此，BGP4+ 和 BGP4 在应用场合和工作原理上没有太大差别，只是 BGP4 的多协议扩展属性，既能支持 IPv4，也能对 IPv6 提供良好支持。

3.3　IPv6 协议栈详解

3.3.1　ICMPv6

　　ICMPv6（Internet Control Management Protocol Version 6，互联网控制信息协议版本六）是为了与 IPv6 配套使用而开发的互联网控制信息协议。与 IPv4 一样，IPv6 也需要使用 ICMP，旧版本的 ICMP 不能满足 IPv6 的全部要求，因此开发了新版本的 ICMP，称为 ICMPv6。

　　ICMPv6 是 IP 协议中重要的组成部分，通过传输 IPv6 包的错误和信息，可以实现差错报告、网络诊断、邻节点发现和多播实现等功能。在 IPv6 网络中，ICMPv6 实现了 IPv4 中 ICMP、ARP 和 IGMP 的功能。

　　ICMPv6 的协议号被 IANA 定义为 58。

　　ICMPv6 消息有如下几种类型。

- 目的不可达消息。在数据包无法传输至目的地址时，发生传输异常的路由或主机需要通知源节点，数据包无法送达。
- 数据包过大消息。数据包在传递过程中，数据包的大小超过了链路的 MTU 值，路由器会向源节点发送此消息。此消息也被用于链路 MTU 发现协议。此消息代码值默认为 0。
- 超时消息。ICMPv6 的超时消息分为如表 3-1 所示的两类。

表3-1　超时消息分类及描述

代码值	描　　述
0	超出跳数限制（数据包的跳数值为0）
1	分片重组超时（IPv6数据包在分片重组时超时）

- 参数问题消息。当发现 IPv6 包头及扩展包头的参数有问题时，将发送此消息。

Echo 请求和响应是最有名的 ICMP 消息，也就是我们常用的 Ping 功能。Echo 请求的类型值为 128，Echo 回应的类型值为 129，Code 值均为 0。差错报文的报文类型是从 0 到 127，信息报文的类型是从 128 到 255。

1. Path MTU

IP 层下面的每一种数据链路层都有自己的帧格式，其中包括帧格式汇中数据字段的最大传输长度，即 MTU。IP 包数据包的总长度一定不能超过 MTU，如果超过就要分段传送。Path MTU 是数据链路层中的最小 MTU 值——以最小 MTU 为准。

对比 IPv6 和 IPv4 的报头后可以看到，IPv6 的基本报头中没有分片的信息字段，但是在 IPv4 中依旧存在分片。只不过此时的分片规则要修改一下。

在 IPv4 中，数据包在传输过程中不管是哪台设备，只要超出了出口的 MTU，就会发生分片。发生分片的设备可能是源数据包设备，也可能是中间设备。数据包到达目的地后由目的设备进行重组。

在 IPv6 的数据传送过程中，如果超过中间设备的出口 MTU，中间设备不会进行分片，而且丢包并朝源数据包设备发送一个 ICMPv6 的差错信息，告知源数据包设备这样的数据包的 MTU 过大。因此，在 IPv6 中，只有源数据包设备进行数据包分片，利用的是 IPv6 的扩展报头（分段报头），中间设备不能进行分片。在 IPv6 中有探测单向路径中最小 MTU 的能力，即 PMTU 机制。

2. DHCPv6/DHCPv6+PD

DHCPv6 是一个基于 IPv6 网络，给 IPv6 主机分配 IP 地址、IP 前缀和 / 或其他配置的网络协议。IPv6 主机可以使用无状态地址自动配置（SLAAC）或 DHCPv6 的方式来获取 IP 地址。DHCP 应用在需要集中管理主机的站点，而无状态地址自动配置不需要集中管理，因此更多地应用在典型家庭网络中。

使用无状态地址自动配置的 IPv6 主机可能需要除了 IP 地址以外的其他信息。DHCPv6 可被用来获取这样的信息，哪怕这些信息对于配置 IP 地址毫无用处。配置 DNS 服务器无须使用 DHCPv6，它们可以使用无状态地址自动配置所需的邻居发现协议进行配置。

IPv6 协议拥有巨大的地址空间，但长达 128b 的 IPv6 地址要求高效合理地进行分配使用。IPv6 无状态地址自动配置方式是目前广泛采用的 IPv6 地址自动配置方式。只要主机相邻路由器开启 IPv6 路由通告功能，即可以根据通告报文内的前缀信息自动配置本机地址。

由于无状态地址自动配置不记录所连接的 IPv6 主机的具体地址信息，因此可管理性较差。在无状态地址自动配置中不能使 IPv6 主机获取 DNS 服务器的 IPv6 地址等配置信息，在可用性上有一定局限性。因为没有具体的规范说明如何向路由器自动分配 IPv6 前缀，所以 ISP 在部署 IPv6 网络时，只能采用手动配置的方法为路由交换设备配置 IPv6 地址。

DHCPv6 技术的出现解决了这一问题。它是一种有状态地址自动配置协议。在配置过程中，DHCPv6 服务器会分配一个完整的 IPv6 地址及 DNS 地址等信息给主机，可能在这过程中通过 DHCPv6 中继转发 DHCPv6 报文，最终服务器将已分配的 IPv6 地址和客户端进行绑定，即可增强网络的可管理性。

相比其他 IPv6 地址分配方式，DHCPv6 具有以下优点：

- 便于管理，可以更好地控制分配 IPv6 地址，不仅可以为 IPv6 主机分配地址，还可以为特定的 IPv6 主机分配特定的地址。
- 支持为 IPv6 主机分配 IPv6 前缀，便于网络的自动配置和管理。
- 除了可以给 IPv6 主机分配 IPv6 地址 / 前缀外，还可以分配 DNS 地址等网络配置参数。

3. NAT-PT

NAT-PT（Network Address Translator-Protocol Translator）是最常用的协议转换技术。它是一种带有协议转换器的网络地址转换器，能够使得 IPv6 和纯 IPv4 实现相互通信。

NAT-PT 分为两种模式：静态和动态。

1）静态模式

静态模式指的是 IPv6 地址和 IPv4 地址一对一的映射关系。IPv6 网络内的设备要访问 IPv4 网络内的设备，都必须在 NAT-PT 设备中做好配置。每一个 IPv4 地址在 NAT-PT 设备中都被映射成一个 NAT-PT 前缀的 IPv6 地址。

2）动态模式

动态模式也是一种一对一的模式，但是使用一个 IPv4 地址池。池中的源 IPv4 地址数量决定了并发的 IPv6 到 IPv4 转换的最大数目。在 IPv6 网络中 IPv6 单协议网络节点动态地把预定义的 NAT-PT 前缀增加到目的 IPv4 地址。这种模式需要一个 IPv4 地址池来执行动态的地址转换，动态 NAT-PT 模式和 IPv4 中的动态 NAT 类似。

3.4　IPv6 支撑 / 配套系统

3.4.1　DNS

1. IPv6 域名系统

域名系统（Domain Name System，DNS）用于域名与 IP 地址的相互转换。通过域名得到地址，称为正向解析；通过地址得到域名，称为反向解析。

IPv6 的 DNS 体系结构和 IPv4 的 DNS 一样，也采用了树形结构的域名空间。最高层称为根（Root），之下是顶级域（Top Level Domain，TLD），然后是二级域（Second Level Domain，SLD），依此类推。每个域都是它上一级的子域。DNS 的树形结构如图 3-7 所示。

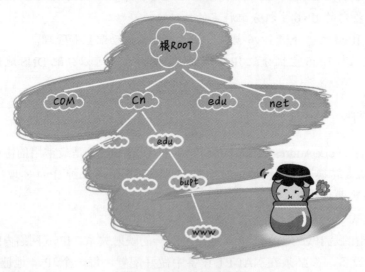

图 3-7　DNS 的树形结构

例如域名 cnispgroup.com，在 IPv4 DNS 的基础上，IPv6 DNS 进行了扩展：为每一个域名到 IPv6 地址的映射定义一个资源记录类型，主域支持基于地址的搜索，把现有的仅支持为 IPv4 地址扩展附加段操作的查询，在支持 IPv4 地址的基础上又支持 IPv6 地址。一个 IPv6 地址的正向解析 DNS 记录可以用两种类型表示：AAAA、A6。AAAA 类型是在 IPv4 地址的 A 记录的简单扩展。IPv6 正向解析的 AAAA 记录的类型值是 28（十进制）。

A6 类型的记录是把多个 A6 记录与一个 IPv6 地址建立联系，其中每个 A6 记录都只包含了 IPv6 地址的一部分，然后这些部分拼接起来成为一个完整的 IPv6 地址。A6 类型的记录相比 AAAA 类型的记录多了一些新特性，如地址聚合、地址重编号等。首先，A6 类型的记录把 128 位的 IPv6 地址按层次分解成若干级地址前缀和后缀，形成一个地址链。每个地址前缀和地址后缀都是地址链上的一环——一个完整的地址链组成——一个完整的 IPv6 地址。这种就是 IPv6 地址的层次结构思想，从而支持地址聚合。其次，用户在更换 ISP 时，要随 ISP 的改变而改变自己的地址。如果想修改用户子网中的地址，是很麻烦的。而在 A6 记录中，只需要改变地址前缀所对应的 ISP 名字即可。这样大大减少了 DNS 中资源记录的修改操作，并且越靠近底层，所需要的改动越少。

IPv6 反向解析和 IPv4 一样，都是使用 PTR，但在表现形式上有两种：一种是用分隔的十六进制数字格式，低位在前，高位在后，后缀是 "IP6.INT."。它与 AAAA 记录对应，是对 IPv4 的简单扩展。另一种是二进制串格式——以 "\[" 开头，十六进制地址居中，无分隔符，低位在后，高位在前，地址后加 "]"，域后缀是 "IP6.ARPA."。它与 "A6" 类型记录对应，也像 "A6" 一样，可以分成多级地址链表示，每一级的授权用 "DNAME" 记录，也支持地址层次特性。

2. 自动域名更新

IPv6 庞大的地址空间、即插即用的配置、对网络移动性的支持等，给用户带来了很大的方便。但同时，由于 IP 地址长度的增加和动态改变，使得网络节点使用 IP 地址进行通信更为复杂。而且，也很难在具有动态 IPv6 地址的主机上架设服务器。如果能为每个网络节点分配一个相对固定的域名，节点使用各自的域名进行通信。那么，无论从 IPv6 地址的使用，还是管理角度来说，都简单多了。而且，也使得在具有动态 IPv6 地址的主机上架设服务器成为可能。因此，就需要 DNS 服务器能自动跟踪每个节点，并能在各节点的域名与 IPv6 地址的对应关系发生变化时，随时更新，这就是自动域名更新。

自动域名更新系统采用客户端/服务器模式，客户端定时自动注册服务器（App 服务器）发送域名注册/更新信息，自动注册服务器验证客户端域名、地址、密码等的有效性后，向 DNS 服务器发出动态更新信息，更新其记录。系统的结构如图 3-8 所示。

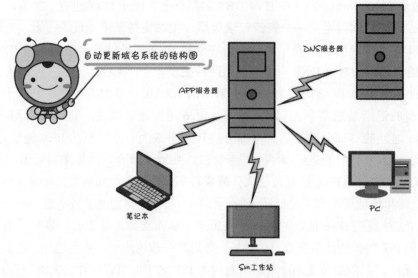

图 3-8　自动更新域名系统的结构图

　　客户端安装在网络节点上，能够自动检测本机 IP 地址，并向自动注册服务器发送 IP 地址改变消息。自动注册服务器认证客户端身份合法、确定 IP 地址的改变。在通过检测之后，自动注册服务器向 DNS 服务器发送动态更新消息，更新该客户端的域名与其 IP 地址的映射关系。

3.5　IPv6 组网技术

3.5.1　新建 IPv6 网络示例

1）IPv6 部署阶段

　　目前互联网中，使用最多的是 IPv4 网络。但是面临 IP 地址严重枯竭的问题，随着 IPv6 的兴起，接下来很长一段时间 IPv4 与 IPv6 将共存。IPv6 的部署共为三个阶段，如图 3-9 所示。

图 3-9 IPv6 的部署阶段

2）IPv6 发展初期阶段

在 IPv6 网络部署初期，IPv6 站点的规模小，零星散布在互联网中，形成一个个"IPv6 孤岛"。业务应用上依旧以原有的 IPv4 为主，需要保证 IPv6 站点和 IPv4 网络之间正常通信，以及 IPv6 站点之间的通信。

3）IPv6 与 IPv4 共存阶段

随着 IPv6 网络规模逐渐扩大，IPv6 网络与 IPv4 网络并存。基于 IPv6 的传统业务逐渐开始大规模部署，此时需要保持 IPv6 与 IPv4 之间的通信。

4）IPv6 主导阶段

原有的 IPv4 网络大部分已升级为 IPv6，形成最终的纯 IPv6 网络，只剩下少数的 IPv4 站点成为"IPv4 孤岛"。此时各种适用于 IPv6 的新型业务将成为主流业务。

IPv6 的部署基础是从建设骨干网开始的。如，中国下一代互联网示范工程（CNGI）就是以 IPv6 为核心建设的互联网实验平台，此平台就是由多个主干网通过国内互联中心互联组成的，包括：由 CERNET 网络中心承建的 CNGI 最核心的骨干网 CERNET2，及由中国联通、中国电信、中国移动、中科院网络中心分别承建了下一代互联网示范网络各自的核心主干网。

自从 CNGI 项目启动后，众多 IPv6 的实验网也开始进入筹建工作，目前主要集中在用户驻地网的建设，通过用户驻地网将实现 IPv6 用户流量引入到主干网的作用。

第 4 章

过渡技术

4.1 过渡概述

IP 协议要求每个网络终端都有唯一的可寻址的 IP 地址，无论是互联网还是物联网，都需要少量的地址作为支撑。没有足够的地址，无法实现随时随地连接。IANA 已于 2011 年 2 月将最后的 5 个 A 类 IPv4 地址段一次性分配完毕，以后获取可用的 IPv4 地址将非常困难。作为下一代 IP 网络技术，IPv6 可以提供数量远多于 IPv4 的 IP 地址。不仅如此，IPv6 技术无论是在安全性还是稳定性方面都超过了老旧的 IPv4 技术，可以说是下一代互联网的标配。IPv6 的建设已经提了很多年，但一直没有太大的进展，在内容为王的今天，从 IPv4 转换到 IPv6，就显得越来越迫切。

现阶段 IP 网络面临两大问题。

1. 新业务需要大量 IP 地址

随着互联网创新的不断发展，应用迭代更新的周期越来越短。目前的 IPv4 地址已经远远不能满足现实的需求，在 IPv4 的 43 亿个地址中，仅有 30 亿左右个地址是可用的。由于 IPv4 的历史原因，全球 IPv4 的地址分配极其不平均，绝大部分 IPv4 地址都集中在欧美国家。我们国家的宽带接入虽然已经很普及，但运营商同样面临着 IP 地址不够用的问题。宽带接入通常都采用动态 IP 地址分配的方式实现。而且近年来，即使采用动态 IP 分配，也开始面临地址资源不够的问题了，运营商已经开始采用私有地址来解决这个难题，这将极大地限制应用的扩展以及增值服务的推广。假设未来有 600 亿个物联网终端需要连接，那么现在的地址将远远不够使用，IPv4 网络显然无法适应未来互联网和物联网应用的需求。

对运营商而言，现有的大量业务都存在地址缺口，IPv4 的公有地址储备接近枯竭。在现有产业环境下，整体基于 IPv6 网络的产业环境相对还非常少。要想进行整体的基于 IPv6 的业务运作，几乎是一件不可能完成的事情。如果给新发展的用户提供纯粹 IPv6 的地址环境，则这些新的用户是无法和原有的 IPv4 用户进行通信的，必须对 IPv4 和 IPv6 进行转换以实现互联互通。当然，也可以通过给新进用户同时分配 IPv4 私有地址和 IPv6 公有地址，访问 IPv4 应用的时候，使用 IPv4 地址；访问 IPv6 应用的时候，使用 IPv6 地址。

这样，IPv4 与 IPv6 的网络可以不通，但运营商就要部署地址转换机制，来实现把 IPv4 私有地址转换为 IPv4 公有地址。

2. IPv6 与 IPv4 完全不兼容

由于 IPv6 采用了 128 位的地址方式，其能够支持的地址数量是海量的，完全不存在不够用的情况。地址数量也是 IPv6 在 IPv4 基础上解决的最大问题。IPv6 的核心协议标准自 2008 年以来并没有太大变化，可以满足 IPv6 组网要求，固定和移动宽带应用类标准也已基本完善。

虽然 IPv6 是解决地址短缺的终极方案，但因业务延续性的需要，不可能完全抛弃基于 IPv4 的网络。即使要上 IPv6，IPv4 也会在相当长的一段时间里与 IPv6 共存。当然，我们也可以直接抛弃 IPv4，全部转向 IPv6，就像印度的运营商那样，转为互联网内容服务商。但这种投资，不是国家行为是做不到的。一种比较务实的方式便是实现 IPv4 向 IPv6 的平滑过渡。

目前最大的问题在于 IPv6 和 IPv4 完全不兼容，现有的绝大多数应用程序在只有 IPv6 协议栈的计算机上甚至无法运行。程序初始化时要调用 socket，IPv6 与 IPv4 的调用参数不同，如果程序没有考虑 IPv6 参数调用，则会启动失败。如果要在 IPv6 协议中运行现有的程序应用，则需要进行源代码修改、重新编译和安装。

因此，网络从 IPv4 演进到 IPv6 成为必然。通过 IPv4 与 IPv6 建立共存机制，慢慢实现向 IPv6 的切换。对运营商而言，一方面需要尽快引入部署 IPv6，解决 IPv4、IPv6 网络共存和互通问题；另一方面也要解决现有业务持续发展所需要的 IPv4 公有地址不足的问题。在网络向 IPv6 演进的过程中，部署 NAT 将无可回避，从而形成 IPv4 私网地址、IPv4 公网地址和 IPv6 地址共存的复杂网络。因此各种过渡技术应运而生。

实际的网络环境非常复杂，由 IPv4 向 IPv6 过渡，必须结合多种技术来实现。由于从 IPv4 迁移到 IPv6 需要很长的时间，整个网络的结构调整也必须循序渐进。从 IPv6 的过渡技术来看，主要分为 IPv4 和 IPv6 双协议栈（简称双栈技术）、隧道模式以及翻译技术。其中，IPv4 和 IPv6 双栈技术是其他过渡技术的基础条件；隧道模式则主要适用于在现有的 IPv4/IPv6 网络中部署 IPv6/IPv4 业务；翻译技术主要用于 IPv4 网络与 IPv6 网络的互联互通。

■ **IPv6/IPv4 双栈技术**。IPv4 和 IPv6 双协议栈主要存在于操作系统的 TCP/IP 协议的网络层，同时实现 IPv4 和 IPv6 两种协议。数据链路层、传输层和应用层都不需要大的变动。具备双协议栈的节点不仅可以与 IPv6 网络通信，而且可以和 IPv4 网络通信。通常情况下，这种双协议栈的节点至少需要配置两个 IP 地址，其中一个用于 IPv6 地址，另外一个用于 IPv4 地址。与 IPv4 网络通信时，使用 IPv4 地址；与 IPv6 网络通信时，使用 IPv6 地址。至于使用哪个协议，主要是依据目的地址是 IPv6 地址，还是 IPv4 地址来决定。详见 4.2 节。

- **隧道技术**。从隧道技术的名字可以直观看出，该模式主要是把 IPv4 的数据报以数据的方式包含在 IPv6 的协议数据报中。到底是把 IPv4 的数据包包含在 IPv6 的数据包中，还是把 IPv6 的数据包包含在 IPv4 的数据包中，则决定了隧道模式的两种，一种叫 IPv4 over IPv6，另外一种则是 IPv6 over IPv4。根据隧道目的地址的获取方式，还可以划分成配置型隧道和自动型隧道。配置型隧道包括手工隧道、GRE 隧道等。自动型隧道主要包含隧道代理、6to6、6over4、6RD、ISATAP、TEREDO、6PE 等。由于隧道本身实现不了 IPv6 和 IPv4 端节点的通信，仅仅提供一个传输通道，所以主要用于同协议网络的互联。显然，如果采用隧道模式，不需要让所有的设备都支持双协议栈。只要 IPv4 网络与 IPv6 网络的边界设备实现了双协议栈和隧道模式，便可实现互联互通。除了边界节点，其他节点均不需要运行双协议栈。只不过缺陷是无法实现 IPv4 和 IPv6 端节点的直接通信。

  采用隧道模式后，如果 IPv6 的边界网络设备收到 IPv6 的数据包，就把 IPv6 数据包封装在 IPv4 数据包中，这样便转换成 IPv4 数据包。接下来便是传统的 IPv4 网络的通信。经过 IPv4 网络的层层路由，到达 IPv6 边界网络设备以后，会重新把封装的 IPv6 数据包恢复出来，再进行基于 IPv6 网络的通信。从而实现了 IPv6 经过 IPv4 网络的透明转换。

- **翻译技术（IPv4/IPv6 协议转换技术）**。IPv4 和 IPv6 如何实现两种不同网络的互相访问，是 IPv4 迁移到 IPv6 网络的一个重要问题。毕竟 IPv4 和 IPv6 网络协议是不兼容的。类似于 IPv4 网络下的 NAT 网络地址转换技术，可以采用网络地址转换-协议转换 NAT-PT（Network Address Translation-Protocol Translation）的技术来实现两个网络之间的互相访问。NAT-PT 通过把 SIIT（Stateless IP/ICMP Translation，无状态 IP/ICMP 转换）协议转换、IPv4 动态地址转换（NAT）及应用层网关（Application Layer Gateway，ALG）相结合，便实现了 IPv4 和 IPv6 之间的协议转换以及不同地址的映射。

  当 IPv6 网络的节点与 IPv4 网络中的节点进行通信时，PAT-PT 将依据一个 IPv4 的地址池为 IPv6 的节点分配动态 IPv4 的地址，同时记录下两个地址的映射关系，然后再把 IPv6 数据包转换为 IPv4 数据包。反过来的地址分配和映射关系与此类似。经过这样的映射，便实现了 IPv4 节点和 IPv6 节点的互联互通。

4.1.1 过渡原理

随着互联网 IPv4 公有地址的枯竭，各国都加大了推广 IPv6 的速度。2010 年，IPv6 得到了前所未有的发展。全球范围内的电信运营商相继宣布 IPv6 商用计划。其中，美国最大的有线电视运营商 Comcast 年初正式宣布 IPv6 商用计划，其用户可以从今年第二季度起自愿选择使用 IPv6 服务。中国移动在 3GPP 立项研究移动网络向 IPv6 过渡问题，提出了 PNAT 方案，并进行了相关业务的演示，准备在移动互联网领域展开 IPv6 部署的试点工作。

IPv4 向 IPv6 的过渡技术主要包括双协议栈、隧道模式和翻译技术。实现 IPv6 节点与 IPv4 节点互通最直接的方式是在 IPv6 节点中加入 IPv4 协议栈。具有双协议栈的节点称作"IPv6/IPv4 节点"，这些节点既可以收发 IPv4 数据包，也可以收发 IPv6 数据包。隧道模式直接利用现有 IPv4 网络实现与 IPv6 网络的通信。另外，当 IPv4 节点和 IPv6 节点进行通信的时候，由于协议栈的不同，必然涉及对协议进行翻译转换。

在 IPv6 过渡策略选择上，许多运营商确定以双栈作为初期阶段向 IPv6 演进的优选策略。在运营商完全迁移到 IPv6 之前，用户还需要使用原有的 IPv4 网络服务，同时可访问纯 IPv6 网络。这种情况下，保持 IPv4 业务的连续性和向 IPv6 过渡都具有同样的重要性。目前业界有代表性的方案包括三种，即双栈 +NAT、NAT444 和 DS-Lite 等。

1. 双栈 +NAT

在现有的 IPv4 网络基础上既平滑又经济地部署 IPv6，并且解决 IPv4 和 IPv6 网络共存与设备互通的最自然的方式是不仅在终端设备部署 IPv4/IPv6 双协议栈，而且在网络设备部署 IPv4/IPv6 双协议栈，可以实现所有 IPv4 节点与 IPv6 节点的互联互通。由于双栈设备还需要继续分配 IPv4 地址，因此在完成 IPv6 的迁移前，仅部署 IPv6 或者双栈并不能解决现网 IPv4 业务地址紧缺问题。

当 IPv4 公有地址不足，采用 IPv4 私有地址给用户提供接入服务成为一个无法避免的选择，网络地址翻译（NAT）的使用也就成为必然。NAT 通过使用少量的公有 IP 地址映射大量私有地址的方式，可在一定程度上缓解 IPv4 紧缺的压力，是当前已广泛使用的技术。双栈和 NAT 技术的结合（DS+NAT 方案），可以在解决 IPv4 地址短缺的同时，支持已有的网络平滑升级支持 IPv6，是当前运营商部署 IPv6 的主流选择。双协议栈 +NAT 方案包括的技术包括：设备支持 IPv4、IPv6 双栈，电信级 NAT，BRAS 支持双栈用户的地址分配管理，DNS 和 Radius 等业务系统升级支持 IPv6 地址扩展等。

双栈 +NAT 机制既缓解 IPv4 公有地址紧缺的压力，又是使 IPv6 节点与 IPv4 节点兼容的最直接方式，互通性好，易于理解。

2. NAT444

NAT 有两种基本的实现方式：基本 NAT 和 NAPT 方式。基本 NAT 只转换 IP 地址，每一个私有地址都对应一个公有地址，这样的一一对应关系节约不了公有地址；NAPT（Network Address Port Translation，网络地址端口转换）则同时映射 IP 地址和端口号。因为来自内部不同 IP 地址的数据包源地址可以映射到同一个外部地址，但端口号被转换成该地址的不同端口号，所以可以共享同样的公有地址，得到广泛应用。另外一个概念是运营商级 NAT（Carrier Grade NAT，CGN），又称作大规模部署 NAT（Large Scale NAT，LSN），与普通 NAT 相比，CGN 主要在支持并发用户数、性能、溯源等方面有很大提升，以适应运营商的大规模商业部署，快速解决 IPv4 地址短缺的急迫问题。

NAT444 包含两次 NAT，分别在 CPE 和运营商网络中的 CGN 网关上做地址转换。通过使用两次 NAT 可以极大地节省 IPv4 地址空间，为演进阶段运营商留有充分的时间过渡到 IPv6。

3. DS-Lite

DS-Lite（Dual Stack Lite）协议只提供 IPv4 和 IPv6 双栈服务，而且可以提供单栈 IPv6 业务，是 IPv6 演进方案的终极方案。随着 IPv6 业务的增长，IPv4 业务会逐渐成为"孤岛"，IPv6 业务则成为主流。因此，DS-Lite 技术架构是符合未来的发展趋势，为 IPv6 演进方案的最终模型。

如果选择 Ds-Lite 作为演进方案，网络不会面临"二次"升级的问题，这是由于 Ds-Lite 直接采用 IPv6 单栈的承载网络，另外 DS-Lite 技术不存在不同地址族之间的转换，这点和双栈技术类似。

DS-Lite 是 Comcast 在 2008 年发起的，DS-Lite 于 2009 年 3 月被采纳为 IETF software 文稿。自 2010 年起，DS-Lite 推出了一系列的配套辅助协议，如 DHCPV6 AFTR Name 选项、Radius 属性和 MIB。

DS-Lite 本质是在 IPv6 网络中部署 IPv4 in IPv6 隧道，从而实现 IPv4 业务的传输，而 IPv6 业务则直接通过 IPv6 网络传输。Lite 的意思是"轻量级的"，DS-Lite 的中文意思则为"轻量级的双栈"。所谓"轻量级"是相对双协议栈方案而言，双协议栈方案要求感知 IP 的节点都具备双协议栈，而且要同时运行，而 DS-Lite 方案则为"局部双栈"，换言之，DS-Lite 技术可以在 IPv6 网络中提供"双栈"孤岛互联。

DS-Lite 有一个非常重要的特点，就是 IPv6 源地址只与 IPv6 目的地址通信，IPv4 源地址只与 IPv4 源地址进行通信，不涉及 IPv4 和 IPv6 不同协议地址的相互转换。这样简化了应用层协议中包含 IP 地址的处理问题。

4.1.2 过渡原则 / 标准

IETF 是 IPv6 相关标准的主要牵头组织。目前，IPv6 的核心标准已经形成，主要包含网络、安全、资源、应用以及过渡等方面。另外，BBF 论坛也参与了网络架构、CPE 设备等技术标准的制定。除了 IETF 和 BBF，3GPP、ITU-T 等也参与了一些 IPv6 标准的制定，但主要侧重于应用。中国的 IPv6 标准主要是中国通信标准化协会（China Communications Standards Association，CCSA）负责，中国电信、中国联通、中国移动等运营商都参与了 IPv6 标准的制定，目前已经完成了一些与隧道模式和翻译技术相关的技术标准。作为 IPv4 往 IPv6 迁移的一个重要应用场景，BBF 还在制定家庭宽带用户如何向 IPv6 迁移的技术架构，主要是 WT-177、WT-187，涉及 PPP 和 IPoE 两种类型。

WT-187 包含了 PPP 协议和 L2TP 协议，是一种 "PPP DSL IPv6" 的接入方法，采用了在单个 PPPoE 会话中同时传输 IPv4 数据包和 IPv6 数据包，用户标识和 SLA 数据都相同。双协议栈宽带路由器会通过 DHPv6 协议，被分配一个或者多个 IPv6 地址。

WT-177 采用了 "TR101 IPv6" 的过渡技术，主要聚焦于在 TR101 的接入网中传输 IPv6 信息。IPoE 路由器（RG）是一个双协议栈的网关，有 N:1 或者 1:1VLAN 两种模式。它允许现有的 TR-101 网络在支持 IPv4 over Ethernet 的同时，部署 IPv6 over Ethernet。用户的 IPv4 和 IPv6 业务共享相同的标识、SLA 和用户数据。当采用 RG 的时候，双协议栈宽带路由器会通过 DHPv6 协议被分配一个或者多个 IPv6 地址。双协议栈宽带路由器对 IPv6 业务不做地址转换，当收到 BNG 的路由通知时会在本地产生下一跳的缺省路由。另外，国内相关运营商还提出了 Smart6、Laft6、FAST6、Space6 等相关技术标准。其中，Laft6 是 DS-Lite 的改进版本，将原本在 AFTR 上的 NAT 地址转换功能转移到 CPE 终端上完成，降低了 AFTR 的性能要求，提高了网络的可扩展性。Smart6 和 Space6 采用了类似 NAT64 的技术，都是解决 IPv6 用户访问 IPv4 资源的翻译技术。通过将 Smart6/Space6 网关部署在 IDC 出口，可以使 IPv6 用户访问 IPv4 的 ICP/ISP 资源，从而达到迁移 IPv6 流量，促进用户向 IPv6 演进的目的。

在数量众多的 IPv6 过渡技术中，双协议栈和隧道模式是普通认可的技术，技术标准也相对完善。但由于 IPv6 过渡技术的标准太多，在工业化应用时，如何有选择地使用这些技术标准反而成了难题。国内组织联合一些国际组织，已经在中国开始了国际性 IPv6 过渡技术的全面测试，以确保满足用户需求。

4.2　双栈技术

双栈技术是 IPv4 向 IPv6 过渡的一种有效技术，指在网络节点上同时运行 IPv4 和 IPv6 两种协议，从而在 IP 网络中形成逻辑上相互独立的两个网络。源地址根据要访问的目的地址的类型，自动选取 IPv4 协议或者 IPv6 协议。网络设备则根据网络数据包的协议头类型来选择不同的协议栈进行存储转发，如图 4-1 所示。

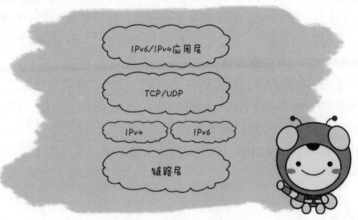

图 4-1　双栈节点示意图

双协议栈既可安装在单台设备上，也可以安装在网络中的所有设备中。如果把双协议栈安装在所有网络设备中，则构成了一个双协议栈骨干网。双协议栈可以有三种模式，一是仅运行单一 IPv6 协议，二是仅运行单一 IPv4 协议，最后一种就是同时运行 IPv4 和 IPv6 双协议栈。双协议栈是目前公认的实施 IPv6 比较简便的技术，也是被广泛采用的技术，是 IPv4 过渡到 IPv6 的基础技术，也是其他 IPv6 过渡技术的基础技术。虽然双协议栈实现了 IPv4 网络和 IPv6 网络的共存问题，但解决不了 IPv4 网络与 IPv6 网络的互通问题，并且双协议栈也无法节约 IPv4 地址。

4.2.1　IP 骨干网

IP 骨干网又被称为 IP 核心网络，它由所有用户共享，负责传输骨干数据。IP 骨干网通常是基于光纤的，能够实现大范围（在城市之间和国家之间）的数据传送。这些网络通常采用高速传输网络（如 SONET/SDH）传输数据，高速交换设备（如 ATM 和基于 IP 的交换）提供网络路由。我们描述网络结构时，主要是区分网络的物理拓扑结构，而不是具体的传输协议。IP 骨干网一般作用范围都是几十到几千千米。互联网则是由很多个 IP 骨干网相连的网络。目前，已经有很多 IP 骨干网连接在一起，网上的任何两个节点都能够进行通信。IP 骨干网的互联互通主要用四种模式来区分：一是按照物理连接的方式；二是互联主机交换信息的方式；三是按照结算方式；四是按照路由开放程序。目前我国已经拥有九大骨干网。

按照国家的要求，要在 2018 年年底完成互联网骨干网的 IPv6 改造，内网的 IPv4 网站可以暂不用改造。骨干网的 IPv6 迁移逐步进行，最终完成全网改造，具体原则如下：

第一要保障 IPv4 现有的业务尽量不受影响，应当从 IPv4 平滑过渡到 IPv6，并且过渡到 IPv6 之后，业务的质量不能比 IPv4 业务质量还差。网络质量是第一位的。

第二是尽可能保护现有资产，不要在向 IPv6 过渡时造成巨大浪费，控制好改造的成本。

第三是标准化问题，为了有效解决与国际的互联互通，在选择 IPv6 过渡技术时，应尽可能采用国际通告的标准技术，尽量避免采用私有技术或者兼容性很差的技术。

第四是把实现单一的 IPv6 网络作为最终目标，鼓励用户进行单一 IPv6 网络部署测试实验，积累经验，并扩大 IPv6 网络部署的范围。

第五是全面采用双协议栈基础，由于双协议栈是基础技术，在过渡初期，网络以及终端必须支持 IPv4 和 IPv6 双协议栈。

4.2.2　BNG

IP 边缘节点统称为 BNG（Broadband Network Gateway），BRAS 和 SR 都属于 BNG 的表现形式。BNG 主要用于用户和业务控制，包括地址分配。但 BNG 支持双栈不仅仅是为用户同时分配 IPv4 和 IPv6 地址，在会话管理、计费、QoS 和安全等方面都需要修改以适应 IPv6 业务。由于 BNG 往往与网管、AAA、DHCP、Policy 等业务系统有接口，因此 BNG 支持双栈还需要这些周边系统配合，在导入 IPv6 之前应该进行详细的集成测试。IPv6 地址分配方式与 IPv4 有较大的差异，由于 IPv6 地址空间巨大，推荐为用户分配一个合适的网段前缀，这也是路由型 CPE 将占主流的原因。出于管理需要，建议为 CPE WAN 口分配一个单独的 /128 主机地址。

4.2.3　CPE

CPE 终端是网络演进部署的关键。无论采用 PPPoE 还是 IPoE 架构，长期来看，路由型双栈 CPE 将是主流。CPE 采用 DHCPv6 Prefix Delegation 从 WAN 口向 BNG 获取 IPv6
前缀，并将其子网化，分配给 LAN 接口。在 LAN 侧，用户终端可以通过 DHCPv6 或
SLAAC 方式获得地址，CPE 应该同时支持这两种模式，因为不同用户终端的能力可能存
在很大差异。CPE 应具备升级到支持 IPv6 多播的能力。目前对于家庭网络的 IPv6 多播架
构还不是很完善，CPE 应保持硬件准备就绪状态，使得通过软件升级即可支持 IPv6 多播
业务。未来高清电视、互联网视频对带宽的要求很高，CPE 应该对任意比例的 IPv4、IPv6
混合业务具备高速转发能力。CPE 需要完全保留原来 IPv4 的功能，如 DHCP、NAT、端
口映射、UPnP 等。随着 NAT 技术的发展，CPE 应具备可升级能力，支持新协议部署。
CPE 应当支持通过远程软件升级或修改配置即可支持不同的 IPv6 业务部署方案。向 IPv6
网络演进中存在调整部署方案的需求，例如早期部署 6RD 或双栈，后期由于 IPv4 地址不
足而切换到 DS-Lite，需要在不入户的前提下支持演进技术方案的迁移，以降低部署成本。

4.3 隧道技术

4.3.1 6PE

在核心网络是 IPv4 网络的情况下，如果要构建一个 IPv6 网络，可以通过在支持 IPv6
协议的边界路由器之间建立 IPv6 隧道，由这些隧道充当支持 IPv6 协议的点到点的连接。
在这些边界路由器之间交换的 IPv6 分组可以封装在 IPv4 分组中，透明地在骨干网上传输。
但这种方案在网络伸缩性方面不是太理想。为解决这个问题，可采用 MPLS 技术。在启动
MPLS 的 IPv4 骨干网上传输 IPv6 数据包。这个解决方案称为 IPv6 提供商边界路由器（6PE），
它提供了一种可伸缩的 IPv6 早期部署的解决方法。它有以下一些特点。

IPv6 协议仅在特定 PE 路由器上实施。PE 路由器使用多协议 BGP（MP-BGP）会话在
骨干网上交换 IPv6 路由信息。MPLS 标签被 PE 路由器赋给 IPv6 路由，并直接在 PE 路由
器之间交换，类似于 VPN 路由。另外，使用两层 MPLS 标签在 MPLS 骨干网上传输 IPv6
数据包。标签栈中的第一个标签是出口 PE 路由器的指定 LDP 标签。标签栈中的第二个标
签是指定 PE IPv6 标签。6PE 解决方案的整体结构如图 4-2 所示。

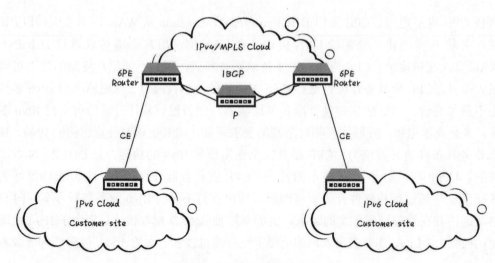

图 4-2　6PE 网络示意图

ISP 可以利用现有的 IPv4 骨干网为其用户的 IPv6 网络提供接入能力。主要思想是：用户的 IPv6 路由信息转换为带有标签的 IPv6 路由信息，并且通过 IBGP 会话扩散到 ISP 的 IPv4 骨干网中。在转发 IPv6 报文时，当流量进入骨干网的隧道时，首先会被打上标签。当 ISP 想利用自己原有的 IPv4/MPLS 网络具备 IPv6 流量交换能力时，仅升级 PE 路由器就可以实现。对运营商而言，使用 6PE 特性作为 IPv6 过渡技术是一个高效的解决方案，实施风险比较低。

4.3.2　6VPE

6PE 技术是一种利用 BGP+MPLS+VPN 工作原理实现的 IPv4 到 IPv6 网络的过渡技术，在 IPv4 到 IPv6 演进的过程中，会有越来越多的 IPv4 用户网络改造为 IPv6 网络，也会有越来越多的用户希望运营商为自己的 IPv6 网络提供 VPN 服务，6VPE（IPv6 VPN Provider Edge）就是这样一种为 IPv6 用户网络提供 BGP+MPLS+VPN 服务的技术。6VPE 的技术原理来源于 IPv4 中的 BGP+MPLS+VNP，虽然叫作"IPv6 VPN Provider Edge"，但并不是专门用来为 IPv6 用户提供 VPN 服务的一种技术。在 6VPE 技术中，用户网络（CE）采用的地址族既可以是 IPv4 也可以是 IPv6，骨干网同样既可以是 IPv4 网络也可以是 IPv6 网络，因此，可以说 6VPE 是对 IPv4 BGP+MPLS+VPN 的一种扩展。

6VPE 的路由分发过程与 6PE 类似，也分为 6 个步骤。

（1）由 IPv4/IPv6 IGP（如 OSPF/OSPFv3、ISIS/ISISv6 等）建立路由器之间的路由关系，将 6VPE 路由器的回环地址通知全网 IP 及其他 6VPE 路由器。

（2）通过 IPv4/IPv6 的标签分发协议（如 LDP、RSVP-TE 等）建立 6VPE 路由器之间的 LSP，即建立 6VPE 路由器之间的 MPLS 隧道。

（3）6VPE 路由器与 IPv4/IPv6 网络的 CE 路由器之间交换路由信息（通过 IPv4/IPv6 路由协议或配置静态路由）。

（4）6VPE 路由器之间通过 MP-BGP 的扩展属性为各个 VPN 中的地址前缀发布路由可达性信息，并分配标签。如果 6VPE 路由器连接的用户网络使用 IPv4 协议，则路由可达性信息使用 VPN-IPv4 地址族；如果 6VPE 路由器连接的用户网络使用 IPv6 协议，则路由可达性信息使用新定义的 VNP-IPv6 地址族。

（5）6VPE 路由器根据从 CE 及远端 6VPE 路由器发来的 IPv6 地址前缀可达性信息形成与不同 VPN 相关的 IPv4/IPv6 VRF。

（6）6VPE 路由器将 IPv4/IPv6 路由可达信息通过 IPv4/IPv6 路由协议分发给 IPv4/IPv6 CE 节点。

从 6VPE 路由分发的过程可以看出，6VPE 最关键的部分是定义了 VPN-IPv6 地址族，从而实现了对来自不同 VPN 的 IPv6 路由信息的区分。VPN-IPv6 是一个新定义的地址族，在 MP-BGP 的扩展属性中，VPN-IPv6 地址族的编码表示为：

AFI=2：代表 IPv6。

SAFI=128：代表 VPN-IPv6 地址。

VPN-IPv6 地址的长度为 24B。6VPE 并不限制骨干网所采用的 IP 协议版本，这样就可能出现两种情况：IPv6 VPN 流量通过 IPv6 隧道进行传输，或者通过 IPv4 隧道进行传输。这两种情况下 MP-BGP 扩展属性中路由可达性信息的下一跳字段编码也有所不同。

1）IPv6 VPN 流量通过 IPv6 隧道进行传输。

下一跳地址为 VNP-IPv6 地址（24B），且 :RD 字段设为 0；发布路由的 6VPE 路由器的 IPv6 全局地址。当且仅当 6VPE 路由器与对端 6VPE 路由器处于同一子网时，下一跳地址为两个 VNP-IPv6 地址（48B），具体格式为：

VPN-IPv6 地址 1。

RD 字段设为 0。

发布路由的 6VPE 路由器的 IPv6 全局地址。

VPN-IPv6 地址 2。

RD 字段设为 0。

发布路由的 6VPE 路由器的 IPv6 局部链路地址。

2）IPv6 VPN 流量通过 IPv4 隧道进行传输。

下一跳地址为 VPN-IPv6 地址（24B），且 :RD 字段设为 0；发布路由的 6VPE 路由器 IPv4 loopback 地址的 IPv6 映射地址，格式为 ::FFFF:IPv4。

综上所述，6VPE 定义了新的 VPN-IPv6 地址族，可以说 6VPE 的路由、标签信息的发布以及数据的转发过程与 IPv4 MPLS VPN 基本相同，这样也实现了从 IPv4 VPN 到 IPv6 VPN 的平滑过渡——只需要 PE 路由器支持 VPN-IPv6 地址族，并在建立 BGP 连接时使用上面所述的 AFI/SAFI 编码值进行 BGP 协商。

4.3.3　6over4

6over4 的主要目的是让没有通过物理链路直接连接到 IPv6 路由器的 IPv6 主机能拥有 IPv6 主机的所有功能。它需要 IPv4 网络具有组播功能，以模拟虚拟的本地链路。如需要到其他链路的 IPv6 路由，则至少需要一个连接到相同 IPv4 网络的 IPv6 路由器具有 6over4 功能。

6over4 可以实现在同一个 IPv4 网络内的所有主机能通过 ND 协议自动发现，同时，还可以通过路由协议自动学习到其他链路的路由信息。

6over4 技术定义了将 IPv6 组播地址映射成 IPv4 组播地址的方法。这样，ND 协议、路由协议便可以通过 6over4 隧道穿越 IPv4 网络进行传输，实现 IPv6 路由协议、邻居发现、自动配置等功能。

6over4 主机的 IPv6 地址由 64 位的地址前缀和特定格式的 64 位接口标识符组成。接口标识符的格式如图 4-3 所示。

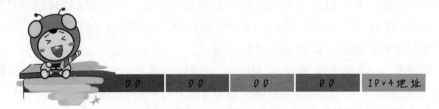

图 4-3　6over4 接口标识符格式

6over4 是一种自动建立隧道的机制，在 IPv4 的多播域上承载 IPv6 的链路本地地址。与 6to4 不同的是，6over4 利用 IPv4 的多播机制来实现虚拟链路，这种机制要求节点必须支持组播，并且要求节点内采用这种机制的主机和路由器都支持 6over4。将 IPv6 的链路本地地址映射到 IPv4 的多播域，并且支持邻居发现，相当于 IPv4 的多播机制模拟 IPv6 的邻居发现功能。一旦发现 IPv6 的邻居，IPv6 的主机就自动建立隧道通过 IPv4 网络。一台 6over4 的路由器在站点内广播它的 IPv6 网络前缀，这种机制不需要 IPv4 兼容的地址或手工配置的隧道，适用于一个站点的内部。当采用 6over4 的站点通过一台支持 6over4 的路由器与外界相连时，站点内的主机可以和外部 IPv6 站点进行通信。

图 4-4 是 6over4 隧道的原理示意图，Host A 和 Host B 通过 6over4 隧道连接，它们所穿过的网络是支持组播的 IPv4 网络。如果想和外部 IPv6 网络通信，通过 IPv6/IPv4 双协议栈路由器完成。

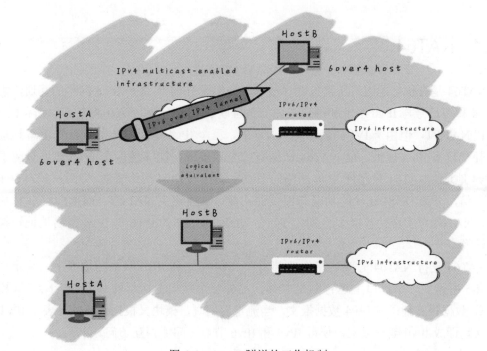

图 4-4　6over4 隧道的工作机制

具体的操作中需要注意如下两个问题。

- **MTU**。在 IPv4 域内的 IPv6 数据报的缺省 MTU 大小是 1480B。因为 IPv4 的最小报头是 20B，加上 1480B 正好是 1500B，达到网络层数据报的最大值。当然，也可以通过路由通知消息来改变 MTU 的大小，或者进行手动配置，以更适合当前节点和链路的情况。

  有时，IPv6 数据报的 MTU 对于一些中间的 IPv4 网络来说可能太大，这种情况下需要对 IPv4 数据报进行分片。由于中间节点的情况较难控制，因此在封装 IPv6 数据报的 IPv4 报文中不能设置为不分片。

- **数据报封装格式**。6over4 隧道的封装和一般隧道的数据报的封装一样，也是把 IPv6 数据报作为 IPv4 报文的载荷进行封装的，并加上 IPv4 的 20B 的最小报头，或者带有可选项的 IPv4 报头。

6over4 隧道适用于 IPv4 网络中的 IPv6 孤立主机之间的通信，由于缺少支持 IPv4 多播功能的网络，6over4 很少使用。

4.4 翻译技术

4.4.1 NAT64

NAT64 是有状态的网络层协议翻译技术。为实现 IPv4 网络和 IPv6 网络的互通，需要将 IPv4 和端口号与 IPv6 地址和端口号建立地址映射表。IVI 和 NAT64 的提出实际上是用于替代 NAT-PT，但由于 IVI 的翻译是一对一的，一个 IPv4 地址可转换为一个 IPv6 地址，需要耗费较多 IPv4 地址，而 NAT64 却拥有一个地址池，能够使多个 IPv6 地址对应于一个 IPv4 地址。NAT64 只允许 IPv6 网络内节点主动访问 IPv4 网络资源，并且与 DNS64 相结合通信，分离 DNS-ALG 的功能与网关的功能，从而避免 NAT-PT 与 DNS-ALG 相关的缺陷。NAT64 可实现协议类型分别为 TCP、UDP、ICMP 的 IPv6 与 IPv4 网络地址转换和协议转换。

NAT64 支持 NAT64 的双栈路由器部署在 IPv4 网络和 IPv6 网络的边界上，其示意图如图 4-5 所示。一个接口上运行的是 IPv6，另外一个接口上运行的是 IPv4。NAT64 模块将 IPv6 数据报文翻译成 IPv4 数据报文，当流量返回时，模块又根据地址映射表将 IPv4 数据报文翻译成 IPv6 数据报文，使得 IPv4 和 IPv6 节点之间能相互访问。

图 4-5　NAT64 部署示意图

NAT64 网关中要维护一个 IPv4 的地址池和配置一个 NAT64 前缀，在后续通信过程中，可加入端口复用，形成（IPv6 地址：端口）与（IPv4 地址：端口）的映射关系。这样，多种应用就可以复用到相同 IP 上，大大节约 IPv4 地址池中地址的使用，并且，任何 IPv6 主机都能够通过该网关访问 IPv4 网络。IPv4 地址池给 IPv6 域内主机的 IPv6 地址分配相应的 IPv4 地址，需要存在一个 IPv4 地址池。另外，由于 IPv6 分组的头部发生了较大变化，原来 IPv4 头部中的一些字段被丢弃了，同时也保留了一些。IPv6 还新增了一些字段，因此要进行协议转换。

4.4.2　464XLAT

464XLAT 是一种允许客户端访问纯 IPv4 网络环境中的主机或者服务器 IPv6 的网络服务。客户使用一个无状态转换的翻译器，将 IPv4 数据包转换为 IPv6 数据包，并且发送出去。发送的数据包的接收端是 NAT64 服务器。该服务器将接收到的 IPv6 数据包转换为 IPv4 数据包，并发送给 IPv4 服务器。无状态转换翻译器可以在客户端实现，或在中间环节的 IPv4 局域内实现。同时，NAT64 服务器端需要具备连接到目标服务器和 CLAT 客户端的能力。因为 NAT64 的使用，限定了 PLAT 和 CLAT 的模型是客户服务器的模型。支持使用 UDP、TCP、ICMP 协议。图 4-6 给出了流量处理方案。

服务器端	应用和主机	流量处理	处理的位置
IPv6	IPv6	端到端的 IPv6	无需处理
IPv4	IPv6	有状态转换	PLAT
IPv4	IPv4	464XLAT	PLAT/CLAT

图 4-6　流量处理方案

首先，一个 64 位的前缀用来作为上行、下行的接口，以及一个专门的前缀用来接收和发送无状态转换的数据包，当专用前缀不可用，CLAT 可以执行 NAT44 转换局域网内所有的数据包。此时的 IPv4 数据包是来自单一 IPv4 地址的。然后，CLAT 无状态地转换至 IPv6 源地址，此 IPv6 地址是经过 CLAT 通过 NDP 和重复地址检测来确定的一个 IPv6 接口。

最后，CLAT 必须知晓 PLAT 侧的，用作 PLAT 的目的地的转换前缀。CLAT 将此前缀作为所有需要有状态转换的数据包的目的地。它可以使用探索启发式来发现 PLAT 端的翻译前缀。在未来，可能会有一些其他机制，如一个新的 DHCPv6 选项，被定义为连接 PLAT 侧的翻译前缀。

4.4.3　6RD

6RD 技术是基于 6to4 技术改进而来的，它使得 ISP 可以向原有 IPv4 站点提供 IPv6 单播接入服务。6RD 技术是一种无状态的隧道，它将 IPv6 数据分组直接封装在 IPv4 数据分组中，并将封装后的 IPv6 in IPv4 数据包经过 IPv4 网络传输至 IPv4 网络边界。与 6to4 技术不同的是，6to4 使用的是 2002::/16 这样的 IPv6 前缀，而 6RD 技术中 ISP 可以为用户提供自己拥有的 IPv6 地址前缀。这样的区别使得 6RD 的使用域限定在 ISP 的内部，这样便于 ISP 直接管理。

6RD 技术中 IPv6 协议将 IPv4 协议视为透明的数据链路层协议和支持自动隧道的抽象模型。6RD 域是指 6RD 技术的作用域，包含 BR（Border Relay）设备、CE（Customer Edge）设备、用户设备以及信道数据包传输过程中经过的路由器等网络设备。IPv6 数据分组依据 6RD 技术标准中所规定的方式被封装在 IPv4 数据分组中，封装后数据分组的转发局限于 ISP 内部 CE 与 BR 间的 IPv4 交换和路由设备，不会被路由至其他的 ISP 网络当中。经过 6RD 域内 BR 设备的数据包只有两种情况，其一是目标主机在 ISP 的 6RD 域外，其二是由 ISP 的 6RD 域外发送回来的数据包。尽管 6RD 技术设计时主要针对的是 ISP 的家庭网络用户，但是独立的 IPv6 主机也可以使用该技术。6RD 隧道示意图如图 4-7 所示。

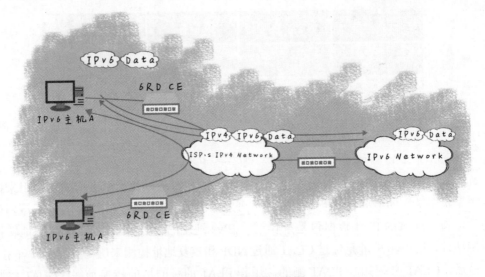

图 4-7　6RD 隧道示意图

6RD 技术依赖现有的 IPv4 网络，设计之初的目的就是保证尽可能小地修改现有网络与操作。客户端使用的 6RD 授权 IPv6 地址前缀是由两部分拼接构成的：6RD 域 IPv6 地址前缀和全部或者部分 CE 的 IPv4 地址。6RD 授权 IPv6 地址中包含的这两个部分的长度均是可以变化的，但是两者相加的长度不能超过 64，即 6RD 授权 IPv6 地址前缀最大长度为 64。由上可知，CE 获得 IPv4 地址后为客户端生成 6RD 授权 IPv6 地址前缀，CE 将 6RD 域内的 IPv6 地址前缀与 CE 获得的 IPv4 地址全部或者部分拼接在一起，形成授权 IPv6 地址前缀。6RD 域内 IPv6 地址前缀的长度（N）加上参与拼接的 CEIPv4 地址的位数（O）等于 6RD 授权 IPv6 地址前缀的长度，如图 4-8 所示。

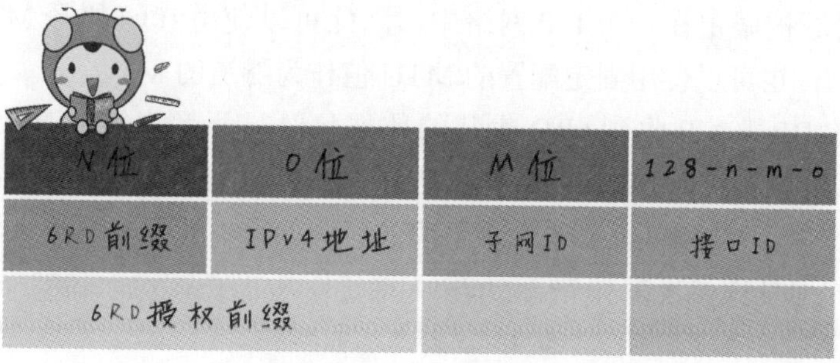

N 位	O 位	M 位	128-n-m-o
6RD 前缀	IPv4 地址	子网 ID	接口 ID
6RD 授权前缀			

图 4-8 IPv6 授权前缀

对于给定 6RD 域，该域内的 BR 与 CE 必须有相同的参数配置，如图 4-9 所示。

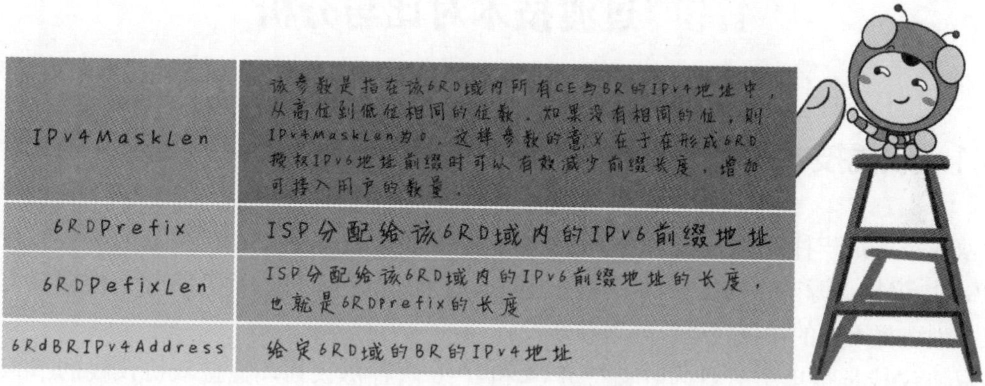

IPv4MaskLen	该参数是指在该 6RD 域内所有 CE 与 BR 的 IPv4 地址中，从高位到低位相同的位数。如果没有相同的位，则 IPv4MaskLen 为 0。这样参数的意义在于在形成 6RD 授权 IPv6 地址前缀时可以有效减少前缀长度，增加可接入用户的数量。
6RDPrefix	ISP 分配给该 6RD 域内的 IPv6 前缀地址
6RDPefixLen	ISP 分配给该 6RD 域内的 IPv6 前缀地址的长度，也就是 6RDPrefix 的长度
6RdBRIPv4Address	给定 6RD 域的 BR 的 IPv4 地址

图 4-9 6RD 与配置参数

举个例子，如果 6RD 前缀是一个 2001:da8::/32 的地址，并使用 CE IPv4 地址的 24 位（如所有 CE 的 IPv4 地址可以聚合为 10.0.0.0/8），这种场景下 6RD 域内的配置参数是：IPv4MaskLen 为 8，6RDPrefix 为 2001:da8::，6RDPrefixLen 为 32。此时 6RD 的授权前缀长度为 32+（32-8）=32+24=56。

由于 6RD 的授权前缀是由 CE 的 IPv4 地址通过一定算法运算得出，那么当 IPv4 地址发生变化时也会导致 6RD 的授权前缀变化，因此在实际应用在为 CE 分配 IPv4 地址时应当给予该地址足够长的有效时间。

当 IPv6 数据包要离开 CE 一侧的 LAN 而进入 WAN 中时，IPv6 数据分组被 CE 封装在 IPv4 数据分组当中，封装时 IPv4 包头各域的值被设定为：Version 版本号为 4；IP 包头长度（IP Header Length in 32-bit words）被设置为 5，因为在封装它的包头中不包含任何其他选项；总长度（Total Length）为 IPv6 包头中的载荷长度加上 IPv6 包头的长度，再加上封装时添加的 IPv4 包头的长度；服务类型（Type of Service）的值应该将 IPv6 包头中的流标签的值复制到 IPv4 包头中。

6RD 的作用域被限定在一个 ISP 网络中，因此可以使用 IPv4 路径 MTU 发现动态调整个隧道的 MTU，也可以使用固定配置的 MTU 值作为隧道的 MTU。

当 6RD 域的 BR 与 CE 收到 6RD 封装的数据包时，两者均需要对数据包的合法性做检测。检测时要比对被封装的 IPv6 数据包的 IPv6 源地址中内嵌的 IPv4 地址与包头的 IPv4 源地址是否匹配，如果匹配则说明是正确的包，如果不匹配则说明这个包是伪造的数据包。因为 IPv6 地址中可能只内嵌部分 IPv4 地址，所以在比对时需要考虑 IP4MaskLen 这个参数。

4.5　过渡技术对比与分析

4.5.1　双栈技术对比

双栈技术是一种 IPv4 向 IPv6 过渡的实用和基础的技术。网络中的节点同时支持 IPv4 和 IPv6 协议栈，源节点根据目的节点的不同选用不同的协议栈，而网络设备根据报文的协议类型选择不同的协议栈进行处理和转发。

双协议栈是指单个节点同时支持 IPv4 和 IPv6 两种协议栈，支持双协议栈的节点既能与支持 IPv4 协议的节点通信，又能与支持 IPv6 协议的节点通信，这样的节点也被称为 IPv6/IPv4 节点。IPv6/IPv4 节点通常采用双 IP 层结构来实现。但在实际应用中这种双 IP 层结构可能会有所变形。协议栈包含了传输层的 TCP 和 UDP 协议的不同实现方案。

双协议栈技术是使 IPv6 节点与 IPv4 节点互联的最直接方式，应用对象是主机、路由器等通信节点。支持双协议栈的 IPv6 节点与 IPv6 节点通信时使用 IPv6 协议，与 IPv4 节点通信时使用 IPv4 协议栈。支持双协议栈的节点接收到数据报时，拆开并检查，如果 IPv4/IPv6 头中的第一个字段的版本是 4，该报文就由 IPv4 栈来处理；若为 6，该报文则由 IPv6 栈来处理。

双栈技术的优点是易于实现，互通性好，缺点是必须为每一个双栈节点分配一个合法的 IPv4 地址，这个缺陷解决不了 IPv4 地址不够用的问题。另外，每个双栈节点要同时运行 IPv4 和 IPv6 两种协议，同时计算、维护与存储两套表项，对路由器等网络设备而言还需要对两种协议栈进行报文转换和封装，增加了节点的负担，对这些节点的性能提出了更高的要求。还需要注意的是，在采用双栈技术的网络中 DNS 服务器必须支持主机域名与 IPv6 地址的映射。

4.5.2 隧道机制

在 IPv4 网络中出现一些采用 IPv6 协议的网络，这些网络之间有数据通信时需要跨越 IPv4 网络，将 IPv6 数据报封装在 IPv4 数据报中，通过 IPv4 网络进行传输，这就是隧道技术。隧道对源站点和目的站点是透明的。基于 IPv4 隧道的 IPv6 分组传送分为 3 个阶段：封装、隧道传输和拆封。隧道的端点可以是主机或者路由器，但都必须是双协议栈的节点，它们连接两种网络，进行报文的封装与拆封。在隧道入口处，入口端点将 IPv6 报文封装到 IPv4 报文中，IPv4 报文的源地址和目的地址分别是隧道入口和出口的 IPv4 地址。封装后的 IPv4 报文将通过 IPv4 的路由器进行传输。在隧道的出口处，出口端点对 IPv4 报文进行拆封，将 IPv6 报文取出来，转发给目的站点。由于隧道技术只要求在隧道的入口和出口端对报文进行封装和拆封，传输过程如普通 IPv4 数据一般传输，因此这种技术易于实现。隧道技术的优点在于隧道的透明性，IPv6 主机之间的通信可以忽略隧道的存在，隧道只起到物理通道的作用。

4.5.3 过渡技术细节实现以及优缺点

1. 6PE 技术

6PE 是基于 MPLS 的隧道技术，核心思想是借助成熟的 BGP MPLS VPN 技术平台实现在启用 MPLS 的 IPv4 骨干网上传输 IPv6 数据报文，为 IPv6 网络孤岛提供互联能力。6PE 隧道技术的 VPN 路由发布和报文转发原理与常见的 IPv4 骨干网上的 MPLS L3 VPN 类似。

6PE 路由器与同处于 IPv6 网络内的 CE 路由器之间通过 IPv6 IGP 路由协议交换路由信息。首先，6PE 路由器为 IPv6 路由加上私网标签（由 MP-IBGP 协议随机自动生成，被传递到对端 6PE 并保留到转发表中），并将此路由的"Next-hop"属性更改为映射后的自身 Loopback 地址（为与 CE 的路由保持相同的地址族，6PE 的 IPv4 Loopback 地址被映射成 IPv6 地址,地址形式为"::FFFF:IPv4-Address")。其次,加上 MPLS 外层标签通过 MPLS LSP 隧道发布给对端 6PE 设备,对端 6PE 接收并保留私网标签。最后,将路由的下一跳属性改变为映射后的自身 Loopback 地址,再以 IPv6 普通路由的形式发布给自己一侧的 IPv6 CE 设备,两个 IPv6 网络的路由通过这种方式就完成了交互。IPv6 报文转发时,首先,CE 设备根据报文的目的地址发送给 6PE 设备,6PE 设备在 IPv6 路由表中进行查找,得到该数据报文对应 IPv6 路由的下一跳地址(即对端 6PE 的 Loopback 地址)和私网标签,在 IPv6 报文外先封装私网标签,再根据 MPLS LSP 标签转发表中与其下一跳对应的标签封装外层标签。其次,将 MPLS 报文通过 LSP 上各个路由器逐跳转发,倒数第二跳路由器弹出外层标签并继续转发给相应 6PE 路由器,在 6PE 路由器上根据内层标签将 IPv6 数据包转发到目的 CE 设备。

传统的 6PE 技术实质上相当于将所有通过 6PE 连接的 IPv6 网络都放在一个 VPN 内,无法进行逻辑隔离,因此只能用于开放的、无保护的 IPv6 网络互联,如果需要对所连接的 IPv6 网络做逻辑隔离,即实现 IPv6 VPN,就需要进一步借助于 6VPE 技术。

6VPE 技术是 MPLS VPN 技术对 IPv6 所做的扩展,可以在 IPv4/IPv6 MPLS 骨干网上承载任意的 IPv6/IPv4 的 VPN 业务。与 6PE 技术相比,6VPE 技术增加了 VPN-IPv6 地址族和 VRF-IPv6 的概念,实现了不同 VRF-IPv6 网络之间的逻辑隔离,提高了 IPv6 网络的安全性。6VPE 的路由传递和报文转发原理与传统 IPv4 下的 MPLS VPN 基本一致。6PE/6VPE 技术比较好地解决了孤立的 IPv6 网络之间多点对多点互联的问题,6VPE 还可以进一步提供 IPv6 网络逻辑隔离和有选择互通的问题。鉴于目前 MPLS 技术已经普遍应用,且采用 6PE/6VPE 技术实现 IPv6 网络互联时只需对 PE 设备做升级即可,IPv6 网络内的设备和节点以及 IPv4 网内的设备均无须任何改动,可见 6PE/6VPE 技术是一类成本较低、应用方便、适合大规模部署的隧道技术。

2. IPv6 over IPv4

IPv6 over IPv4 是一种自动建立隧道的机制,在 IPv4 的多播域上承载 IPv6 的链路本地地址。与 6to4 不同的是,IPv6 over IPv4 利用 IPv4 的多播机制来实现虚拟链路(注意不是显式的隧道),这种机制要求站点支持多播,并且要求站点内采用这种机制的主机和路由器都支持 IPv6 over IPv4。将 IPv6 的链路本地地址映射到 IPv4 的多播域,IPv4 的多播地址为 239.192.0.0,并且支持邻居发现,相当于 IPv4 的多播机制模拟 IPv6 的邻居发现功能。一旦发现 IPv6 的邻居,IPv6 的主机就自动建立隧道通过 IPv4 网络。一台 IPv6 over IPv4 的路由器在站点内广播它的 IPv6 网络前缀,这种机制不需要 IPv4 兼容的地址或手工配置的隧道,适用于一个站点的内部。当采用 IPv6 over IPv4 的站点通过一台支持 IPv6 over IPv4 的路由器与外界相连时,站点内的主机可以和外部 IPv6 站点进行通信。

3. NAT64 与 NAT-PT

NAT-PT 由于一些固有的缺陷已经建议被废弃（虽然已经被废弃，但是由于该方案很典型，很多翻译的方案都源自于 NAT-PT 思想），NAT64 则是在尽力杜绝这些缺陷而进化的方案，那么对比介绍则能更深层次地理解这两种方案。

首先介绍一下 NAT-PT 方案。NAT-PT 的工作机制可以分成两种情况，一种是 IPv6 发起到 IPv4 的连接。图 4-10 展示了具体的工作原理。

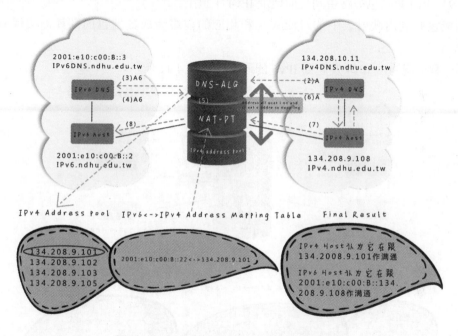

图 4-10　IPv6 发起到 IPv4 的连接的工作流程

具体工作流程如下。

（1）IPv6 主机首先会向 IPv6 DNS 查询目的地址。

（2）IPv6 DNS 没有相关的域名信息，IPv6 DNS 将查询请求转发给 NAT-PT 中的 DNS-ALG 处理。

（3）DNS-ALG 则将请求信息转发给 IPv4 域中的 DNS。

（4）IPv4 DNS 查询到 IPv4 地址，并将地址信息转发给 DNS-ALG。

（5）DNS-ALG 根据地址信息从 NAT-PT 处得到 IPv6 前缀，并将 IPv4 地址嵌入到 IPv6 前缀后。

（6）DNS-ALG 返回给 IPv6-DNS 一个 IPv6 前缀 +IPv4 地址的 IPv6 地址，IPv6-DNS 将该地址返回给 IPv6 主机。

（7）IPv6 主机发送一个以自己为源地址、以 prefix::IPv4 为目的地址的 IPv6 数据包，该数据包被路由到 NAT-PT 盒子上。

（8）NAT-PT 首先在 IPv4 地址池中随机选取一个 IPv4 地址对应数据包的源 IPv6 地址，并在映射表中保存该映射关系，这个 IPv4 地址作为 IPv4 数据包的源地址，同时，NAT-PT 会从数据包中的目的地址抽出 32 位的 IPv4 地址作为 IPv4 数据包的目的地址，并且进行相应的协议转换工作，产生 IPv4 数据包。

（9）IPv4 数据包被路由到目的地址 IPv4 主机上。

回应包则利用映射表中的对应关系和相应的前缀完成数据包的翻译，实现 IPv6 与 IPv4 通信。

另一种情况为从 IPv4 发起到 IPv6 的通信，如图 4-11 所示。

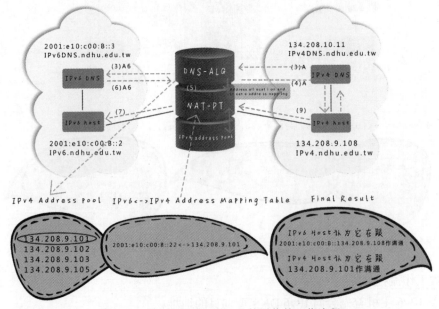

图 4-11　从 IPv4 发起到 IPv6 的通信的工作流程

具体工作流程如下。

（1）IPv4 主机首先会向 IPv4 DNS 查询目的地址。

（2）IPv4 DNS 没有相关的域名信息，IPv4 DNS 将查询请求转发给 NAT-PT 中的 DNS-ALG 处理。

（3）DNS-ALG 则将请求信息转发给 IPv6 域中的 DNS。

（4）IPv6 DNS 查询到相应的 IPv6 地址，并将地址信息转发给 DNS-ALG。

（5）DNS-ALG 根据地址信息从地址池中随机获取一个 IPv4 地址，并将查询到的 IPv6 地址与该 IPv4 地址的映射关系保存在映射表中。

（6）DNS-ALG 返回给 IPv4-DNS 这个随机获取的 IPv4 地址，IPv4-DNS 将该地址返回给 IPv4 主机。

（7）IPv4 主机发送一个以自己为源地址、以返回的 IPv4 地址为目的地址的 IPv4 数据包，该数据包被路由到 NAT-PT 盒子上。

（8）NAT-PT 在映射表中查询目的 IPv4 地址对应的映射关系，得到对应的实际的目的 IPv6 地址，并将源 IPv4 地址加对应的前缀变成 IPv6 地址，做一些相应的协议转换工作，产生 IPv6 数据包，并将该数据包发送到目的 IPv6 主机。

在 NAT-PT 方案中，DNS-ALG 主要具有两项功能，一是在 IPv4 到 IPv6 通信中，利用 namelookup 告知 IPv4 主机分配给 IPv6 目的主机对应的 IPv4 地址，这在 IPv4 到 IPv6 的通信中起到决定性作用；二是对于一些需要适用 IP 地址的应用协议，如 FTP、SIP、BT 等，这些协议在应用层数据中含有 IP 地址信息，在做 IPv4 到 IPv6 地址映射时，应用层数据中的 IP 地址也必须做相应的改动，这需要 DNS-ALG 协助完成。

NAT-PT 的方案具有代表意义，翻译思想具有典型性，虽然 NAT-PT 方案已经建议被废弃，但是作为一种翻译技术的典型思想，NAT-PT 方案是无法替代的。

Modified NAT-PT

由于 RFC4966 阐述了 NAT-PT 的缺陷，致使 NAT-PT 建议被废弃，为了改进 RFC4966 中阐述的问题，提出了 Modified NAT-PT 方案，主要思想就是增加一些选项来杜绝"4A"假冒问题，为了避免由于 DNS-ALG 在网关处的问题，将 DNS-ALG 尽量放置在主机端或者靠近主机端，或者直接不用 DNS-ALG，采用 IPv4 应用 +SIIT 的方式，通过这种方式来尽力解决 RFC4966 中提出的问题。

NAT64 是一种基于翻译的过渡方案，NAT64 并没有很好地解决 NAT-PT 一些固有的缺陷，这类缺陷也是翻译技术所共存的，NAT64 方案只支持从 IPv6 发起到 IPv4 的通信，主要解决了在 IPv6 接入网环境下，纯 IPv6 终端可以访问纯 IPv4 业务。NAT64 场景如图 4-12 所示。

NAT64 是部署在 IPv6 网络和 IPv4 网络之间的双栈路由器，负责 IPv6 数据包与 IPv4 数据包之间的翻译。因此，NAT64 拥有至少一个 IPv6 前缀和一个 IPv4 公有地址池。NAT64 收到终端发来的 IPv6 数据包后，翻译模块从 IPv4 公有地址池中选择一个 IPv4 地址及未使用的端口源主机 IPv6 地址作映射，结果记录在 BIB（Binding Information Base）中，从而实现源地址翻译。目的地址的翻译则是直接去掉特定的 IPv6 前缀。接着，NAT64 使用 SIIT（Stateless IP and ICMP Translation）翻译算法将 IPv6 包头翻译为 IPv4 包头，翻译后的 IPv4 数据包便从 NAT64 的 IPv4 接口转发到外部 IPv4 网络中，从而实现对 IPv4 服务的访问。IPv6 主机获得目的 IPv4 主机对应的 IPv6 地址需要借助于 DNS64 设备。DNS64 是双栈的，当源主机进行 AAAA 查询时，它会向目的主机所在网络的 DNS 服务器发送

AAAA/A 查询请求，如果 DNS64 收到的是 A 记录，那么它会通过添加特定 IPv6 网络前缀的方法将其合成为 AAAA 记录，并返回源主机。NAT64 网关和 DNS64 配置了相同的 IPv6 前缀。NAT64 克服了 NAT-PT 的缺点，实现了 DNS-ALG 和翻译模块的解耦合，只须改动网络侧，实现了 IPv6 终端对 IPv4 网络的访问。但它不能支持 IPv4 主机发起的到 IPv6 主机的通信。

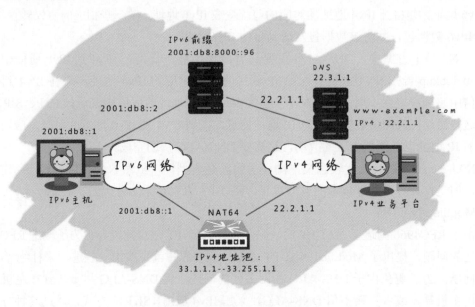

图 4-12 NAT64 基本场景

4. 464XLAT

464XLAT 是一种允许客户端访问纯 IPv4 网络环境中的主机或者服务器 IPv6 的网络服务。客户使用一个无状态转换的翻译器，将 IPv4 数据包转换为 IPv6 数据包，并且发送出去。发送的数据包的接收端是 NAT64 服务器。该服务器将接收到的 IPv6 数据包转换为 IPv4 数据包，并发送给 IPv4 服务器。由于 IPv4 不具有 Internet 连接，否则系统将不再需要 464XLAT 的工作。这里的无状态转换翻译器可以在客户端实现，或在中间环节的 IPv4 局域网内实现。同时，NAT64 服务器端需要具备连接到目标服务器和 CLAT 客户端的能力。受限于 NAT64 的使用，PLAT 和 CLAT 的模型要求是客户端与服务器模型，支持使用 UDP、TCP、ICMP 协议。

464XLAT 方案实现了 IPv6 网络中 MIFI 终端的接入，即移动终端作为无线路由器来支持多个 IPv4 用户接入，将 IPv4 数据包翻译成 IPv6 在网络上发送。464XLAT 分为用户侧翻译（CLAT）和网络侧翻译（PLAT）两部分。CLAT 部署基于 RFC6145 的无状态 NAT46 翻译过程，PLAT 采用标准的有状态 NAT64 技术。464XLAT 的 CLAT 功能可以部署于 MIFI，也可以安装于移动终端充当无线路由器。在功能部署上，464XLAT 能够实现众多 IPv4 终端的接入，无感知地将 IPv4 用户数据迁移到 IPv6 网络中。为了实现上述通信过程，464XLAT 的 CLAT 侧包括无线路由网关功能、地址翻译器、NAT44、DNS 代理等。464XLAT 具体实施过程中无线路由网关通过 Wi-Fi 信号向下为多个终端提供接入服务，完成 IPv4 私有地址的分配和上传数据的接收处理。所连接终端将以 CLAT 地址为默认网关和 DNS 服务器。CLAT 上的 DNS 代理功能将截获 IPv4 主机发出的 DNS 解析请求，并实现该解析请求在 IPv6 网中 DNS 服务器的查询，从而能够避免对 DNS 数据包的两次翻译。464XLAT 中由于业务仍处于 IPv4，因此相应的 IPv4+DNS 回复将通过 CLAT+DNS 代理后返回各 IPv4 主机。IPv4 用户获得 DNS 回复后将发起 IPv4 业务数据请求，464XLAT+CLAT 将对接收的 IPv4 数据包执行无状态 NAT46 翻译，完成业务流在 IPv6 网络中的传递，配合网络侧 NAT64 功能来实现和远端 IPv4 业务的互通。464XLAT 也可以联合 BIH 来完成 IPv4 用户向 IPv6 业务访问，通过 IPv6 接入网络为 IPv4 用户提供完整的 IPv4 到 IPv6 业务访问能力。

5. 6RD

目前，运营商的骨干网以 IPv4 为主，升级到 IPv6 网络需要时间和成本，在技术上要求能够在现有网络架构上快速提供 IPv6 站点之间的互通。6RD 就是这样一种方案。它由法国运营商 FREE 提出，现已成为 IETF 标准 [RFC5569]，FREE 采用该方案在 5 周内为超过 150 万户居民提供了 IPv6 服务。思科公司进一步改进与扩展了 6RD，目前已形成提案标准 [RFC5969]。

6RD 是一种 IPv6-in-IPv4 隧道技术，部署场景如图 4-7 所示，6RD CE 与 6RD BR 都是双栈设备，它们之间保持 IPv4 网络。通过扩展的 DHCP 选项，6RD CE 的 WAN 接口可得到运营商为其分配的 IPv6 前缀、IPv4 地址（公有或私有）以及 6RD BR 的 IPv4 地址等参数。CE 在 LAN 接口上通过将上述 6RD IPv6 前缀与 IPv4 地址相拼接构造出用户的 IPv6 前缀。当用户开始发起 IPv6 会话，IPv6 报文到达 CE 后，CE 用 IPv4 包头将其封装进隧道，被封装的 IPv6 报文通过 IPv4 包头进行路由，中间的设备对其中的 IPv6 报文不感知。BR 作为隧道对端，收到 IPv4 数据包后进行解封装，将解封装后的 IPv6 报文转发到全球 IPv6 网络中，从而实现终端用户对 IPv6 业务的访问。

6RD 技术是基于 6to4 隧道技术，能够为有 IPv4 网络接入需求的用户快速部署 IPv6 的单播业务。6RD 使用无状态的地址映射，将 IPv6 分组封装在 IPv4 报文中穿越 IPv4 基础网络。与 6to4 机制不同的是，6RD 业务提供商使用自己已获得的实际长度可变的 IPv6 地址前缀来代替 6to4 机制特定的 2002 前缀，因此其作用域局限在运营商的管理域内。

使用 6RD 技术升级后的网络在原有提供 IPv4 传输的基础上可以支持 IPv6 的传输。为实现 IPv4 与 IPv6 互通，相应的 IPv4（或 IPv6）节点需要升级为 IPv6（或 IPv4）capable。6RD 使用的是无状态的地址映射，在 6RD-relay 上无须维护映射表，管理简单。升级 IPv4 接入网支持 6RD 机制需要：在 IPv4 网络与 IPv6 网络边界运行一个或者多个 6RD 的网关；用户本身或 CPE 路由器能够支持 6RD 的功能而接入网内部的路由器仍是 IPv4 单栈无须改动。使用 6RD 能够满足对 IPv4 接入网进行升级的需求。

6. DS-Lite 技术

随着 IPv4 可分配地址资源的耗尽，越来越多的运营商在接入网与核心网着手部署 IPv6 网络。但终端与业务平台不可能在短时间内升级支持 IPv6，那么在 IPv6-only 接入网环境下，如何实现终端对原有 IPv4 业务的访问是必须解决的问题。在此背景下，美国的 Comcast 提出了 DS-Lite 技术。DS-Lite 是一种 IPv4-in-IPv6 隧道技术，可实现在 IPv6-only 接入网环境下，双栈或 IPv4-only 主机访问 IPv4 网络资源。DS-lite 技术只给终端分配 IPv6 地址，终端的 IPv4 地址被配置为私有地址或者 IANA 定义的不可路由的熟知地址（192.0.0.0/29），终端发送的 IPv4 数据包在经过 IPv6 包头封装穿越 IPv6 网络到达运营商 AFTR（Address Family Transition Router，也称作大规模 NAT）后，源地址会被映射为公共 IPv4 地址进而实现对全球 IPv4 网络的访问。

DS-Lite 场景如图 4-13 所示。

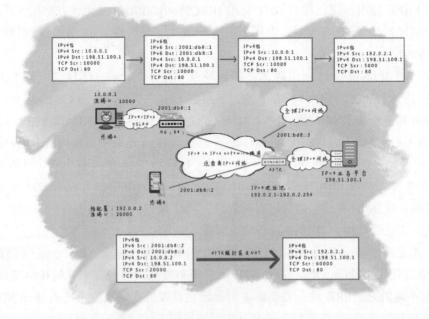

图 4-13　DS-Lite 场景

DS-Lite 有基于家庭网关和基于主机两种架构。终端 A 通过家庭网关设备接入网络，属于基于家庭网关的 DS-Lite 架构（下称架构一）。终端 B 直接连入网络，属于基于主机的 DS-Lite 架构（下称架构二）。

在架构一中，HG 是双栈设备，如果终端是 IPv4-only 的，它会作为 DHCPv4 服务器在 LAN 接口为终端 A 分配 [RFC1918] 定义的私有地址；如果终端是双栈的，它可支持 IPv6 自动配置或作为 DHCPv6 服务器为终端分配一个私有 IPv4 地址和一个全球 IPv6 地址。B4（basic bridging broad band）单元是 HG 的 WAN 接口，它可从运营商网络侧获取 IPv6 地址，并通过扩展的 DHCPv6 选项得到隧道对端 AFTR 设备的 IPv6 地址。当终端访问 IPv4 业务时，发送 IPv4 数据包给 HG，HG 将收到的数据包封装到 IPv4-in-IPv6 Softwire 隧道中将其转发给网络侧的 AFTR。当终端访问 IPv6 业务时，终端的 IPv6 数据包直接通过 HG 转发到 IPv6 网络中。AFTR 也是双栈设备，除了与 B4 建立隧道连接，它的 NAT 模块负责将源私有 IPv4 地址映射为目的公有 IPv4 地址，并保存 NAT 映射表。NAT 映射表中不仅包含了地址与端口号，而且包含了隧道标识（用 HG 的 IPv6 地址表示），AFTR 根据隧道标识 +IPv4+ 端口来唯一标识终端主机。经过 AFTR 处理的数据包最终被路由到全国 IPv4 网络。

架构二中，终端 B 集成了 HG 的功能。终端 B 支持双栈并且只获得 IPv6 地址，它预先为自己配置了非可路由的熟知 IPv4 地址（192.0.0.0/29）。当设备 B 访问 IPv4 业务时，它将创建到 AFTR 的 IPv4-in-IPv6 Softwire 隧道。其余过程与架构一相同。DS-Lite 技术可以满足运营商引入 IPv6 网络后，终端对 IPv4 业务的访问需求。运营商只需给终端分配 IPv6 地址，节约了 IPv4 地址并且极大地简化了对接入网的管理。在 HG 与 AFTR 之间是纯 IPv6 网络，可以基于这个接入网进行 IPv6 网络的增量建设。由于网络侧 AFTR 设备需进行大量的 NAT 地址映射及查询工作，对 AFTR 的性能也提出了很高的要求。

4.5.4 小结

通过过渡技术的介绍不难看出，目前这些已有的过渡技术和方案都是针对某一种或几种具体的网络情况提出的，都不是普遍通用的技术，而且这些技术也往往不是独立使用的，需要相互结合，互为补充。基本规则：同时需要、地址（例外）；三个演进技术：双栈、隧道和地址转换；多种演进方案：6RD、双栈、DS-Lite、NAT64 以及多种衍生技术方案。其中双栈为当前业界认可的主流演进方案。演进方案和线路的选择与运营商现网状况、运营商的能力、运营商的投资预算、运营商演进驱动力等多种因素相关。演进路线如图 4-14 所示。

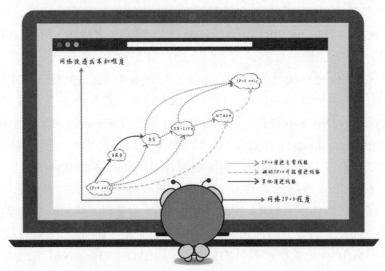

图 4-14　演进路线

IPv6 过渡技术总体上可以分为隧道、翻译两个大类。隧道技术采用的是一种协议封装于另外一种协议的方式，适用于运行一种协议的设备或者站点穿过运行另外一种协议的网络实现互通。它只要求升级隧道的入口和出口设备，不需要网络核心中的设备运行双栈，网络部署和运维相对容易，能充分利用已有投资，但隧道端点需要封装 / 解封装，转发效率低，也无法实现 IPv4 和 IPv6 的互访。翻译技术采用的是一种协议转换成另一种协议的方式，适用于纯 IPv4 终端和纯 IPv6 终端的互访，但也存在"地址转换"带来的业务质量降低，有些协议翻译后需要 ALG 的问题。

3 种隧道技术中，6RD 采用现有 IPv4 接入网为终端用户提供 IPv6 业务，主要侧重于用户侧 IPv6 的过渡，对运营商骨干网改动较小。6RD 比较适合于以 IPv4 业务为主，同时拥有少量 IPv6 用户的运营商，适用于 IPv6 发展的早期。它有助于保护运营商初期投资，减少对现网业务的影响。

DS-Lite 则是在引入 IPv6 接入网的同时保证 IPv4 业务可访问。运营商直接为用户分配 IPv6 地址，家庭网络内部终端 IPv4 地址完全由家庭网关分配，运营商不再维护用户 IPv4 地址，简化了对地址的管理。该技术适合于 IPv4 地址非常紧缺的运营商，以发展 IPv6 业务为主，同时兼容 IPv4 业务。该方案与 6RD 相比对 IPv6 的推广力度较强，但目前 DS-Lite 客户端设备还不够成熟，认证鉴权机制需要完善。A+P 技术与 DS-Lite 技术有些类似，都是利用 IPv6 隧道实现互通，只是在地址分配方案和 NAT 的实现细节上存在不同。A+P 注重 IPv4 地址的复用，对 CPE 要求较高，部署比较复杂。

3 种翻译技术中，NAT64 支持场景较少，只能实现 IPv6 主机到 IPv4 服务器的单向访问，但这对于 IPv6 单栈主机是很有意义的。PNAT 融合了 NAT64 的功能，支持场景更为广泛，在部署 IPv6 的同时，能够做到对应用程序的透明无感知，可以加速 IPv6 过渡进程。IVI 技术专注于互访，需要使用一段保留 IPv4 地址进行与 IPv6 地址的映射，适合于 IPv4 地址充足，IPv4 网络与 IPv6 网络规模相当，有互访需求的运营商。总体来说，各种技术都有其具体的应用场景，在实际部署过程中各种过渡方案可能会重叠和交错，运营商可以根据不同的应用场景、网络状况和过渡时期来选择过渡技术。图 4-15 展示了主流过渡技术。

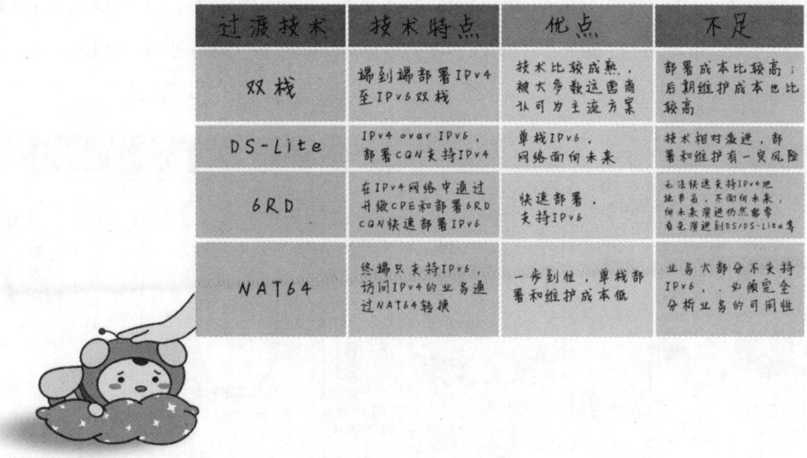

过渡技术	技术特点	优点	不足
双栈	端到端部署 IPv4 至 IPv6 双栈	技术比较成熟，被大多数运营商认可为主流方案	部署成本比较高；后期维护成本也比较高
DS-Lite	IPv4 over IPv6，部署 CGN 支持 IPv4	单栈 IPv6，网络面向未来	技术相对激进，部署和维护有一定风险
6RD	在 IPv4 网络中通过升级 CPE 和部署 6RD CGN 快速部署 IPv6	快速部署，支持 IPv6	无法快速支持 IPv6 地址用户，不面向未来，仍未来最终的演进，可能演进到 DS-Lite 等
NAT64	终端只支持 IPv6，访问 IPv4 的业务通过 NAT64 转换	一步到位，单栈部署和维护成本低	业务大部分不支持 IPv6，必须完全分析业务的可用性

图 4-15　主流过渡技术的对比

4.6　过渡技术部署策略与建议

　　运营商应根据自己的实际需求采用不同的过渡部署方案。对于面临竞争压力和政府政策部署 IPv6 的运营商，可以选择双协议栈部署方案；对于地址短缺很严重的运营商，可以考虑部署 NAT 方案或者部署双栈 +NAT 方案；而对于完全新建的网络，后续可考虑部署 DS-Lite 方案。

　　当主流应用、终端都支持 Ipv6 后，可以考虑逐步关闭 IPv4 网络 / 协议栈，通过部署 NAT64 来解决少量的 IPv4 内容访问需求。

　　IPv6 部署应该遵循"先核心，后边缘"的部署原则。首先骨干网 /IGW 要支持双栈。根据现有的网络部署技术和运维需求可以选择 Native 双栈和 MPLS 6PE/6VPE 两种路线。如果现有为 MPLS 网络，可选择 6PE/6VPE 路线，通过升级 PE 路由器来支持双栈，无须改造。

　　在早期部署的业务需求主要来自于 VPN 专线。只需要升级或新建双栈 PE 路由器便可以满足要求支持 IPv6 的专线客户需求。

SPOP 是 IPv6 公众宽带业务部署的核心和难点。由于 PPPoE 业务无须改造接入网，HSI 早期部署建议首先从 PPPoE 宽带用户开始。通过升级或新建 BRAS 以及认证计费系统来支持个人用户双栈的接入。对于桥接式的 CPE，不需要进行更换，对于路由型的 CPE，则需要升级为支持双栈。CPE 应可以用软件升级支持后续演进。最初引进 IPv6 阶段，也可以新建或升级少数 BRAS 双栈节点。其他区域 PPPoE 用户可以以 L2TP 接入双栈 BRAS。对于 VAS 系统的升级改造应该同时进行，以增加 IPv6 业务流量。

图 4-16 展示了早期部署阶段，升级骨干网，改造 SPOP 和 CPE。

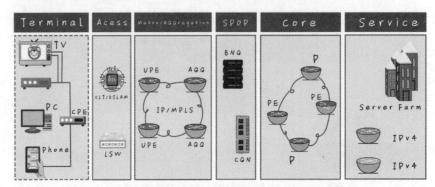

图 4-16 早期部署阶段，升级骨干网，改造 SPOP 和 CPE

目前 IPv4 业务仍然占据主流，而 IPv4 地址短缺成为多数运营商需要面对的问题。NAT 是解决地址短缺的必然选择（见图 4-17）。一般来说，引入 NAT 会导致网络流量模型变化，增加流量管理 / 用户业务识别的难度，甚至使得某些业务受损。

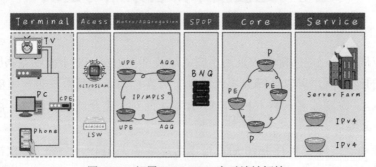

图 4-17 部署 BNG/CGN 应对地址短缺

BNG/CGN 融合方案，荣国 BNG 集成 DS-Lite 或 L2 Aware NAT。业务只需要一次 NAT，而且这种分布式的 NAT 结构降低了对设备的性能要求，容易隔离故障和定位，运营商也无须管理管理终端的 IPv4 地址，无须部署 NAT Log, 提高了用户对业务的感知。缺点在于：更换终端的成本较高（现有 CPE 终究要更换，以支持 IPv6）；依赖于 BRAS 厂商的支持；依赖于使用 IP 地址识别用户的系统，如流量监测、流量管理等系统都将不能正常工作。

集中式 NAT 目前已被广泛部署。在网络出口放置集中式 NAT，对私网地址用户的业务进行重定向，转到 NAT 设备上进行地址转换。独立式子 NAT 部署的优点在于：设备可获得性好，原有网络和业务系统几乎不需要更改。缺点在于：集中式设备故障影响面广，且故障定位较困难；需要建设溯源系统；对 IPv6 部署没有明显促进。

在双栈网络中，解决地址短缺依然可以采用集中式 NAT 方式，如图 4-18 所示。

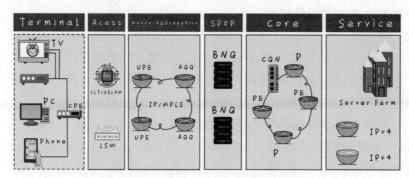

图 4-18 部署集中式 NAT 应对地址短缺

DS-Lite 是目前公认的比较好的方案。DS-Lite 是同时解决地址短缺与加速 IPv6 发展的最佳方案。DS-Lite 的相关标准已经成熟，被多个主流运营商选中作为演进路线，成为 Native 双栈方案之外唯一的主流演进技术。终端和设备供应商已有支持 DS-Lite 的商用产品发布。两种主流的演进路线是可以兼容的。在初期部署阶段可采用 Native 双栈，同时进行 DS-Lite 实验（DS-Lite 只使用网络的 IPv6 协议栈），在条件具备的情况下，可逐步切换到 DS-Lite 方案。

向纯 IPv6 网络过渡主要解决两个问题，即接入网支持 IPv6 和部署 NAT64（见图 4-19）。

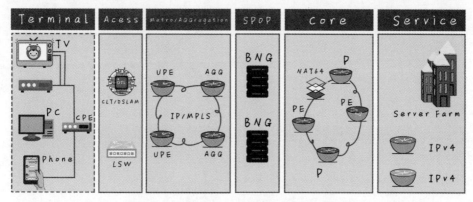

图 4-19 升级接入网，部署 NAT64 和纯 IPv6

随着接入方式逐步向 IPoE 迁移，对接入网支持 IPv6 业务的感知需求越来越迫切。在 IPoE 接入场景下，IPv6 协议报文一般为特定多播报文，而且原有 DHCP option、DHCP Snooping、IP/MAC 绑定、多播 Snooping/proxy 等安全特性都需要针对 IPv6 进行开发，此外，在 IPv6 协议下，ICMPv6 为接入层的新攻击点，Neighbor Discovery Snooping 成为接入层设备必备的安全特性。

随着 IPv6 网络部署的推进，对成本、功耗、海量且简单部署的需求将导致纯 IPv6 终端爆炸性增长。部分终端可能存在访问 IPv4 业务的需求，通过部署支持 NAT64 的电信级 NAT，可使得 IPv6 终端以可管理的方式访问 IPv4 网络和业务。

双协议栈的方案是目前国际上运营商采用的主要方案。在采用双协议栈的同时，还采用 NAT 来解决地址不足的问题。DS-Lite 方案也有被提及，但目前还未见到大规模应用部署。6to4 和 6RD 仅仅在向 IPv6 过渡的早期被采用过，现在也慢慢减少了。采用双协议栈加 NAT 方式主要是 IP 地址缺乏的问题比较突出。而且双协议栈对设备的改造比较少，投入也比较小，终端 CPE 设备也不用立即更换，适用于绝大多数对成本比较看重的企业。

DS-Lite 则主要是 FT 和 Comcast 这两家公司在推动，他们在 DS-Lite 领域研究投入较多，拥有的专利数量也最多。FT 选择三层到边缘的网络架构，希望用纯 IPv6 以简化管理。而且其目前网络已经部署的 CPE 设备具备软件升级支持 DS-Lite 的能力，成本增加相对较小。还有一部分运营商计划对双协议栈加 NAT 和 DS-Lite 进行测试，以选择一种适合自己的大规模部署技术方。

第 5 章

网络安全

5.1　IPv6 安全概述

5.1.1　简介

随着互联网技术得到广泛应用，无论是对于哪一种网络协议，IPv4 也好，IPv6 也好，它都会存在很多的网络安全问题。大规模的网络攻击比较隐秘，而我们很难发现。对于一些具体的攻击，单纯从技术角度来说能够阻止黑客进行攻击。但事实上，当对相关边界安全进行部署的时候，可能会使得系统的运营或者管理引发风险，那么在这个基础上构建的这些应用系统，实际上可能还会存在更多的问题。

那么从物理安全、主机安全、网络安全、应用安全以及数据安全等这些角度来讲，无论是 IPv4 还是 IPv6，都有一些共性的问题。移动互联网越来越普遍应用的今天，也会更多的暴露出来。并且在 IPv4 向 IPv6 进行升级过渡的时候，可能这种转换本身就会引发很多的安全问题。

虽然网络安全问题很多，但能够对网络和主机造成非常大威胁的攻击并不多见，例如，远程缓冲区溢出，利用这种漏洞的蠕虫病毒，实际上每年爆出来的非常少。相比较普遍存在的 DDoS（Distributed Denial of Service，分布式拒绝服务攻击），无论是 IPv4 还是 IPv6 都广泛存在。针对协议头的攻击，针对地址自动配置的攻击，以及 IPv6 里面的邻居发现和重复地址检测等，可能是 IPv6 特有的一些问题。无论是 IPv4 还是 IPv6，攻击的起点都是要首先发现攻击的目标，当这个目标能够很好地隐藏的时候，那么实际上攻击并没有太大的危险。

5.1.2　IPv6 与 IPv4 的共有问题

从协议设计的角度，IPv6 协议和 IPv4 协议最大的差异主要是在网络层。IPv4 迁移到 IPv6 的时候，网络层以上的层次以及网络层以下的层次，基本上没有太大的变化。对于一个网站而言，如果在 IPv4 这种情况下没有问题，但存在脆弱性，那么在 IPv6 的情况下也会存在同样的漏洞。IPv4 和 IPv6 的协议头部有一些相似的字段，例如版本信息、静荷长度以及服务质量，检测包传输的距离的计数器等。这些都是 IPv4 和 IPv6 共有的数据，也就是说，针对这些共有的数据，实际上，它们都有一些共存的安全问题。

例如下面这些风险。

- 网络数据监听。
- 分布式拒绝服务攻击（DDoS）。
- 通过应用层的漏洞访问控制。
- 中间人伪造数据。
- 对数据链路层的攻击。

从物理层、数据链路层、网络层、应用层以及数据安全的角度来讲，IPv4 的一些网络安全措施都是适用于 IPv6 的。切换到 IPv6 的时候，网络不会发生本质变化，结构上也不会有什么实质性变化。因此大部分的这种安全架构，两个协议都是类似的。

5.1.3　IPv6 与 IPv4 的差异

相比于 IPv4，IPv6 存在一些略微的不同，故其会面对特有的网络安全威胁。

- 局域网攻击。
- 动态 IP 地址分配带来的攻击。
- 针对路由信息的拒绝服务攻击。
- 分段攻击。
- 数据包放大带来的攻击。

IPv6 网络的开始，网络的安全程度和 IPv4 是类似的，但是由于 IPv6 的协议头部包含了一些特有的标签以及扩展的头部，导致 IPv6 的网络还有一些特有的威胁攻击方式。如蠕虫扫描攻击，控制报文管理协议，对头部的攻击，以及 IPv4 迁移到 IPv6 过程中的攻击，移动 IPv6 攻击，以及由于 IPv6 协议不成熟，产生协议栈本身攻击和威胁代码。IPv6 由于在网络地址和协议上与传统的网络有比较大的区别，并且在地址的分类上也有比较大的区别，因此对于 IPv6 网络的扫描技术以及风险评估，就是实现 IPv6 技术的关键。由于 IPv4 的 32 位地址和 IPv6 的 128 位地址的差别，因此在网络安全检测这块，相对来说 IPv6 要简单一些。

5.2 IPv6 网络攻击

5.2.1 RH0 攻击

互联网采用基于存储转发的路由协议，对于 IPv6 情况下，网络上所有的节点都要能够对数据包进行存储和转发。转发是基于路由头部的 IPv6 协议信息，IPv6 的首部主要分成两种类型，一种是类型 0，一种是类型 2。类型 0 类似于 IPv4 的源路由。类型 2 主要适用于移动互联网的环境。流量到达目的地之前，转发的协议信息有可能会被用作中间人攻击的一种方式，把数据包发到另外一个恶意地点，或者对数据包进行篡改或放置病毒木马等。

5.2.2 分片攻击

为了实现互联网的高性能以及高可靠的数据传输，所有比较大的数据包都会被进行分片再进行传输，就是把大的数据包切成小的数据包。那么每一个数据包可能都包含本层次协议的内容，但是如果包含在本分片里面的这种信息得不到保护，并且不能对所有大的数据包进行完整检测，分片攻击就有可能通过精心构造分别隐含在每一个分片中。而当这些被恶意分散到每一个分片中的攻击到达主机终端的时候，会被重新组装起来，组装以后，这些被分片的恶意代码就会被重新组装成一个完整的代码，从而导致攻击行为发生，造成严重后果。对于 DDoS 这种场景，攻击者还可以采用迫使主机终端等待分片的方式来构造 DDoS。

5.2.3 洪水攻击

洪水攻击作为正常通信的一种方式，在 IP 地址解析的时候，会发挥比较基础的作用。例如在把 IP 地址解析为 MAC 地址的时候，就会用到 IPv6 的广播方式。这种方式在 IPv4 网络环境下就已经被广泛使用。在广播的这种情况下，通常是使用多播地址等方式对网络进行划分，防止出现广播泛滥的问题。在 IPv6 情况下，虽然不使用广播作为基本的通信方式，但是 IPv6 有比较强的多播特性，而这种多播的地址就有可能被用到洪水攻击上面。这种攻击对局域网的影响比较大，涉及两种：一种是影响本地局域网；另一种是影响远程的局域网。

这两种洪水攻击分别叫作 Smurf6 和 Rsmurf6，Smurf6 是正向的方式，主要影响局域网上的主机。Rsmurf6 主要影响远程的主机。对于局域网的主机而言，如果向多播地址发送 ICMPv6 的请求响应包，那么会造成源节点不停响应请求，而这些节点就会受到 DDoS。对 Rsmurf6 而言，由于发送的是针对多播地址的应答包，因此目的局域网成为受害网络。

5.2.4　无状态地址自动配置

在 IPv6 环境下，为了方便主机配置，IPv6 设计了一种无状态地址自动配置的机制。这种机制会传输 ICMPv6 的协议信息，主要包括以下内容。

- 路由器的链路地址。
- IPv6 地址的前 64b，即路由器的链路地址。
- 用户对路由器可达性的监测数据，即关联寿命。
- MTU（最大传输单元）。
- 额外表示。

虽然无状态地址自动配置方便管理主机配置，但是这种机制由于没有采用认证，攻击者就可以用这种方式进行欺骗。这个消息如果被攻击者用作路由器伪装攻击者，就可以把路由信息以这种方式发布出去，其他的节点会通过路由转发，把这个数据包发到攻击者的主机。在这种情况下，如果把地址解析到对应的虚假 MAC 地址上，那么所有解析到这些地址的数据包都会丢失。

5.2.5　邻居发现问题

IPv6 的 NDP 协议类似于 IPv4 的 ARP 协议，主要用作地址解析，那么在 IPv4 的情况下，这种邻居发现的机制有可能会被利用，例如中间人攻击对数据进行篡改，包括植入病毒木马等，在 IPv6 的情况下，NDP 协议的这种缺陷和 ARP 的攻击是非常类似的。

5.2.6　重复地址检测

IPv6 的网络环境下，每一个主机都要对本机地址是否与其他节点地址冲突进行检测，这个在 IPv6 里面叫作重复地址检测（Duplicate Address Detection，DAD）。其中一种方式是当地址发生变化的时候，可以向网络进行通知。还有一种方式，是在自己的地址发生变化的时候还要启动协议，再对地址进行解析，如果出现地址冲突，就收不到这种应答。如果存在，它就不会再使用这个地址进行通信，IP 的攻击类似，由于 NDP 没有经过认证，很容易导致 DDoS。

5.2.7 重定向问题

为了优化网络的传输性能以及数据包的传输路径，在 IPv6 的环境下，经常会用到地址的重定向，主要是为了向一台主机说明这里有一条更好的路由可以选择。

假设在信息传输的时候，主机使用路由器，但是并没有发现路由器 R1 到对应位置最好的路由。这时，当发送数据时，并且在接收到数据的过程中，会使用默认的路由器，这里并不是路由器 R1。在这个过程中，如果发现了 R1（假设 R1 是更好的路由），我们会将带有最佳路由信息以及发现的情况都重定向发送到主机。这时，主机可以安装更准确的路由，并且在发送数据包到 R1 的过程中，寻找最短路由。而在这个过程中，ICMPv6 的保护机制会防止消息在重定向中被伪造。这个保护过程很简单，就是让消息带有重定向数据包的副本。

5.3 IPv6 安全评估

5.3.1 简介

信息安全的风险评估以及网络安全评估已经发展多年，是比较成熟的信息安全技术。这项技术的使用，在等级保护成为我们的国家制度之前，就已经存在。网络安全评估的主要目的是对整个信息系统进行全面的系统性评估，找出薄弱环节。具体工作步骤是，第一步，对整个信息系统进行资产统计；第二步，进行脆弱性评估；第三步，得到整个系统的风险评估。

对于一些关键基础设施，还需要重点进行评估，而具体评估的方法，可以采用很多种方式。例如在渗透测试方面，作为在网络安全评估中很重要的一个环节，会针对关键性的信息系统，或者是关键设备，进行渗透测试，并且找出主机以及网络设备服务器等基础设施的弱点，然后再用整体的风险评估模型，评估整个系统的风险，作为下一步信息安全增强和改造的依据。

5.3.2 IPv4 与 IPv6 在安全评估方面的相同点

IPv6 网络以及 IPv4 网络的风险评估方法上是极其类似的，都是为了对整个信息系统进行风险评估，找出薄弱环节进行整改，都有资产统计脆弱性以及风险评估。这几个方面都需要用扫描器，对组织网络服务器等各种设备，进行漏洞扫描应用发现等。在数据安全上也有非常类似的要求，在应用层的问题上 IPv4 存在的问题，IPv6 几乎也有。那么 IPv4 和 IPv6 的主要差异呢？主要体现在网络层，因此网络安全最快的评估略微有一些差异，另外对于 IPv6 协议中引入的特有的内容，特别是极易导致 DDoS 的协议内容，则可能会是 IPv6 网络安全评估的重点。

5.3.3 IPv4 与 IPv6 在安全评估方面的差异

在网络的安全评估上，IPv6 和 IPv4 网络是有较大差异的，原因在于两者网络差异和特有的安全弱点（存在于 IPv6 情况上）。

在差异中，相比于 IPv4，IPv6 网站会拥有更多的网络攻击模式。如最传统的攻击模式，如对于站点的伪造方式，脚本 Web 的攻击等。在系统层上，可能会有利用漏洞或者系统级问题急性攻击。而在 IPv6 网络下，安全问题具有很多层面，如在 IPSec 协议层面，过渡阶段问题和网络部署等。

而在主机中，IPv6 网络为了防止黑客进行扫描，寻找其中的脆弱点，进行攻击，产生了很多地址方式，如单播地址和站点本地地址等。而在渗透技术中，更加专一则是 IPv6 网络和 IPv4 网络最大的差异。

最后，风险评估中，由于与 IPv4 网络上风险评估的方法不同，在 IPv6 上会产生大大小小的差异。如果仅仅以价值损失为评估标准，有时两者并不会产生较大差异。

第 6 章

运营商部署 IPv6

6.1 运营商对 IPv6 的分析

6.1.1 面临的机遇和挑战

由于现在互联网爆炸性的发展，网络的发展速度已经呈指数级增长，同时也在飞快消耗 IPv4 地址，鉴于此种情形，网络运营商和设备制造商已经意识到 IPv6 替代 IPv4 是不可避免的发展趋势。

对网络运营商来说，IPv6 的部署能够进一步提高设备的性能，节约网络消耗，提高网络管理；对设备制造商来说，IPv6 是现在各种智慧城市、智能家居等系统程序相关研究创新的关键技术点，随着基于 IPv6 的应用增多，将进一步提高用户对相关产品的体验；对应用开发商来说，基于 IPv6 近乎无限多的地址数量，不再需要增加网络成本和复杂度的暂时性替代方案（如网络地址翻译），网络和设备更容易升级以及更灵活地交付新服务等。

考虑到 IPv4 接近枯竭的现状，如果不能加快 IPv6 的部署，则会错失以上机遇，探索 IPv6 无限地址空间提供的机遇还可能成为对等参与者的竞争优势。随着始终在线、始终连通的通信世界的演变，网络运营商、设备制造商和软件开发商中与 IPv6 相关的创新将推动带宽和服务需求的增长。

虽然基于 IPv6 的机遇很多，但是在实际部署中仍然存在很多困难和障碍，例如，一方面现在并没有一个决定性的应用来推动 IPv6 的部署，另一方面则是 IPv6 的用户相比 IPv4 用户来说仍然有相当大的差距。虽然有一些类似"翻译"等过渡技术，但是过渡技术背离了当初 IPv6 代替 IPv4 的初衷。所以笔者认为无论是现有应用还是现有用户，都是推动 IPv6 发展的重要基础。

6.1.2 发展方向

现在一些网络运营商、设备制造商、软件开发商已经很清楚 IPv6 的优势，但是面对市场，他们仍然持观望态度，虽然有些已经在部署中，但是进度远远达不到预期。

除了以上讨论的问题之外，现有人员关于 IPv6 等新技术的培训等也是 IPv6 推迟的原因之一，虽然在当前不景气的经济环境下此举尚可理解，但从长远来看，这却是一个站不住脚的做法，因为这很可能会有损于未来的网络管理与发展，增加未来的网络成本。

在不断前行的业务规划中，在确保设备、应用及时部署并顺利运营的前提下，IPv6 的相关问题也可以得到很好避免，那些已实施 IPv6 的参与者通常是通过一个谨慎而分阶段的做法进行的，该方法适合现有的更新和开发周期，鼓励适当集成到现有平台，并降低成本。

互联网协会认为参与者不应推迟过渡，现在投资于 IPv6 实际上是投资于业务连续性，这将有效缓解 IPv4 耗尽时的任何未来业务风险。与此同时，这还是对未来发展和机遇的投资：IPv6 提供的无限地址空间毫无疑问将以无法预料的方式，带来新的设备、软件、服务的创新。

6.1.3 运营商网络演进策略总体分析

当前 IPv6 端到端产业链的状况呈两头弱中间强的纺锤状，如图 6-1 所示。所谓两头弱，是指固定、移动终端以及业务系统对于 IPv6 支持度低，升级困难；中间强是指中间的城域、骨干、承载等网络部分对 IPv6 的支持程度较高，当前主流通信制造商已研发了大量 IPv6 产品，现网大部分产品可以支持升级至 IPv4/IPv6 双栈。

图 6-1　纺锤状的 IPv6 端到端产业链状况

当前面临如下一些问题。

1. 终端当前不成熟

当前终端不成熟，体现在如下方面。

- 家庭网关：现网路由 HG 大部分不支持 IPv6，家庭网络升级风险大。
- STB：STB 机顶盒需通过软件升级才能支持 IPv6。
- 终端升级 / 替换成本大。

2. 当前业务系统不成熟

当前业务系统不成熟，体现在如下方面。

- 全球网站排行榜前 100 万个网站只有不到 1% 的支持 IPv6。
- 业务系统改造成本大。

3. 当前网络部分成熟，可以改造

当前网络部分成熟，可以进行改造，体现在如下方面。

- 从骨干网到城域网，主流厂家网络设备已支持 IPv6，接入网改造有压力。
- IPv4 向 IPv6 过渡技术走向成熟，过渡方案争议较大。
- GSN/PDSN：主流厂家 GGSN 等核心网设备均已支持 IPv4/IPv6 双栈。
- 支撑网支持双栈条件具备。

综上所述，当前运营商网络层基本具备向 IPv6 网络的演进条件。但是在向 IPv6 网络演进的过程中，在终端及改造中出现了过多的问题，所以必须同时考虑下面的问题。

1）如何基于现有 IPv4 网络，升级和构建 IPv6 基础网络？

由于现有 IPv4 网络和主机数量庞大，IPv6 引入过程需要循序渐进，因此基于 IPv4 网络的 IPv6 通信势在必行。对运营商来说，一方面需要尽快引入、部署 IPv6 网络，解决 IPv4、IPv6 网络共存和互通问题；另一方面也要解决现有业务持续发展所要面临的 IPv4 公有地址不足的问题。因此，需要考虑保证 IPv4 网络到 IPv6 网络平滑迁移的措施。

2）如何基于现有 IPv4 网络，升级和构建 IPv6 基础网络？

由于 IPv6 升级成本巨大，升级周期长，还需考虑网络设备和主机的协调，因此在考虑为 IPv6 提供网络基础的同时也要为基于 IPv6 多种业务的可靠性、可持续性、可管理性、服务质量等方面做好准备。

互联网协会认为利益相关者们已没有时间去等待和观望，IPv4 耗尽指日可待，转向 IPv6 势在必行。许多参与者，例如网络运营商、设备制造商和手持终端制造商在参与此重要事务上已阔步前行，互联网协会对此十分赞赏，但众所周知，全体利益相关者还需要付出更多努力，需要在整个网络以及所需设备和应用程序上为 IPv6 做好准备。

6.2 网络部署

6.2.1 骨干网

在现有的 IPv4 网络架构中部署 IPv6，并解决 IPv4/IPv6 网络共存和设备互通的最自然的方式是在终端和网络节点上既安装 IPv4 又安装 IPv6 的协议栈，即双栈，从而实现 IPv4 或 IPv6 节点间的信息互通。根据网络业务的不同，常用的骨干网 IPv6 过渡技术有双栈、6PE/6vPE。

1. 双栈

所谓双栈（Dual Stack），就是在一个系统中可以同时支持 IPv6、IPv4 两个可以并行工作的协议栈，是最直接、最简单引入 IPv6 并实现 IPv4 与 IPv6 共存的方案。网络节点同时运行 IPv4 和 IPv6 两种协议，网络在逻辑上成为 IPv4 及 IPv6 并行的两个网络，支持向 IPv6 的平滑过渡。

双栈是目前最成熟的过渡方案，具有稳定性高、网络支持效果好等优势（因为前期已经做好准备，所以不用考虑网络通信中的 MRU/MTU 等协商环节），缺点是设备投资量大，需要一套独立的业务系统来支撑 IPv6 服务。双栈技术虽然不能减少 IPv4 地址的损耗，但是最平滑的推进方案，也是 IPv4 向 IPv6 推进中的最关键技术之一。

2. 6PE/6vPE

由于现网中 IPv4 设备数量庞大，全部替换升级代价非常大。所以，骨干网在平滑引入 IPv6 的同时还要考虑到如何保护现有 IPv4 网络设备。

在骨干网络部署 IPv4 MPLS 的情况下，可以在骨干网络 PE 设备升级支持 6PE 或 6vPE 特性，以使 IPv6 的流量通过 MPLS 隧道连通。这种方案可以保持骨干网络核心 IP 节点仍为 IPv4，在骨干网仅部署 IPv4 的路由协议，如图 6-2 所示。

6PE/6vPE 方案的基本原则是：重用现有的 IPv4 路由和 MPLS 结构，以及 PE 节点升级支持 6PE、6vPE。使用 6PE/6vPE 作为 IPv6 网络间连通的隧道的主要优势在于以下几点。

- 所有配置在 PE 上完成，用户网络感知不到 IPv4 网络的存在。
- 能够很好地利用 ISP 现有的 MPLS 网络资源，对运营商网络改造不大。
- E-CE 之间链路可以使用任何类型，没有特殊要求。

■ 6PE/6vPE 设备可以同时为用户提供 IPv6、IPv6 VPN 和 IPv4 VPN 等多种业务。

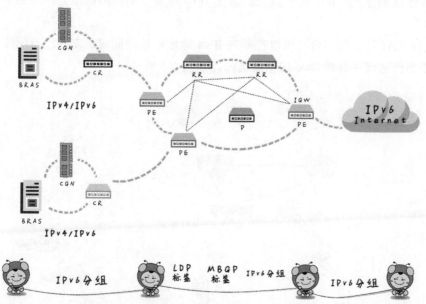

图 6-2　在骨干网中部署 IPv4 MPLS 状态

6.2.2　城域网

城域网的过渡技术种类较为繁多，但 IPv4/IPv6 双栈方案同样是演进的基础，在网络节点同时运行 IPv4 和 IPv6 两种协议，网络在逻辑上成为 IPv4 及 IPv6 并行的两个网络，支持向 IPv6 的平滑过渡。

与核心网络不同的是，城域网中有着大量的接入客户，同样存在 IPv4 地址紧缺等问题，双栈方案不仅可以缓解 IPv4 地址数量不足的情况，更是向着 IPv6 推进的重要步骤。从长远的角度考虑，需要长期培养客户对于 IPv6 的使用习惯，配合运营商的双栈技术，从而达到逐渐"退 4 进 6"的目的。常见的城域网过渡技术有 6RD、双栈、L2TP、NAT444、DS-Lite。

1. NAT444+ 双栈

由于双栈设备还需要继续分配 IPv4 地址，因此在 IPv6 的迁移完成前，仅部署双栈并不能解决现网 IPv4 地址紧缺问题。

当 IPv4 公有地址不足时，采用 IPv4 私有地址给用户提供接入服务成为一个无法避免的选择，NAT 的使用也就成为必然。NAT 通过使用少量的公有 IPv4 地址映射大量的用户私有 IPv4 地址的方式，在一定程度上缓解了 IPv4 地址空间枯竭的压力，是当前已经广泛应用的技术。

双栈和 NAT 技术的结合，可以在解决 IPv4 地址短缺的同时，支持已有网络平滑升级到 IPv6 是当前运营商部署 IPv6 的主流选择，如图 6-3 所示。

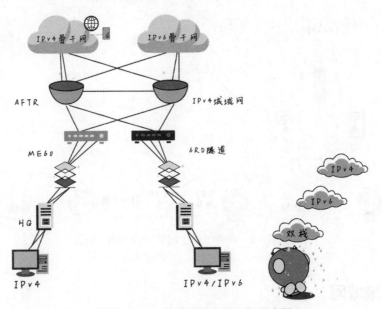

图 6-3 双栈和 NAT 技术相结合的网络状态图

2. DS-Lite：轻量级双栈

DS-Lite（Dual Stack Lite）是轻量级双栈方案，网络部署上只需要家庭网关（B4）和运营商网络中新增部署的 AFTR（Address Family Translation Router）为双栈，其网络节点只需要支持 IPv6 即可。运营商为家庭网关（B4）分配私网 IPv4 地址及公网 IPv6 地址。用户访问 IPv6 业务可通过家庭网关及 IPv6 城域网直接到达。对于 IPv4 业务，则通过家庭网关（B4）与 AFTR 之间建立 IPv4-in-IPv6 的隧道，在 AFTR 上实现隧道的解封装，并将 IPv4 私有地址转换为 IPv4 公网地址，发送到 IPv4 业务系统。通过 DS-Lite 方案部署，运营商可以通过一个 IPv6 网络同时提供 IPv4 与 IPv6 服务，如图 6-4 所示。

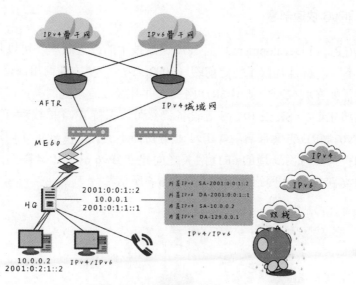

图 6-4 轻量级双栈技术方案

3. L2TP+ 双栈

从保护投资的角度看，现网城域网设备 60% 以上可以通过软件升级支持双栈，不能升级支持双栈的设备也可以通过 L2TP 隧道技术接入双栈，最大限度地使用现网设备，节省新设备的投资。从技术可行性角度看，双栈是标准、设备、商用部署实践最成熟的过渡技术，如图 6-5 所示。

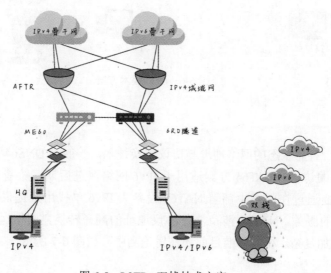

图 6-5 L2TP+ 双栈技术文案

4. 6RD：IPv6 快速部署

6RD（IPv6 Rapid Development）是 6to4 隧道技术的改进版本，可以使用运营商 IPv6 地址前缀（而不同于 6to4 局限于特定前缀（2002::/16），更方便商用部署。

6RD 方案需要在城域网中新增 6RD 网关，并升级改造家庭网关，以支持 6RD。现有城域网中绝大部分 CR、SR 及 BRAS 等设备仍然可以保持 IPv4 单栈运行不变，无须升级改造以支持 IPv6。6RD 方案部署后，IPv4 业务访问不变，IPv6 业务访问通过在支持 6RD 的双栈家庭网关与城域网新增的 6RD 网关之间建立 IPv6 over IPv4 隧道承载，实现 IPv6 终端与 IPv6 业务跨越 IPv4 网络的互通，如图 6-6 所示。

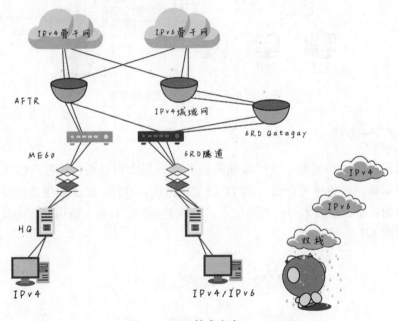

图 6-6　6RD 技术方案

5. NAT64

NAT64 是一种有状态的网络地址与协议转换技术，一般与 DNS64 配合，实现 IPv6 主机到 IPv4 业务的访问，NAT64 方案适用于 IPv6 网络演进后期。随着 IPv6 单栈终端的大量出现，运营商通过在网络中部署 NAT64 设备为 IPv6 单栈用户提供访问未升级改造的 IPv4 单栈业务的服务。NAT64 涉及两种协议地址的翻译转换，网络运维需要考虑的问题比 NAT44 将更加复杂。相关标准目前还在讨论当中，如图 6-7 所示。

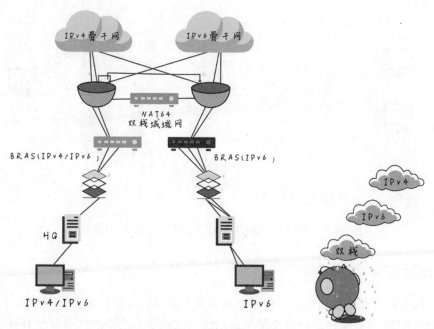

图 6-7　NAT64 技术方案

6.2.3　接入网

在接入网中，复杂的接入环境决定了各个接入用户的方式各不相同。

家庭网关运行在终端模式时，可以为没有 IP 地址的终端发起连接，例如，VoIP 电话终端；也可以发起连接到网管，运营商通过该连接管理家庭网关设备。家庭网关运行在终端模式时，其接入方式与其他终端设备（PC、机顶盒等）相同，此处不再详细说明。

1. 家庭网关运行在桥接模式

如图 6-8 所示为家庭网关（CPE）运行在桥接模式的用户接入场景，家庭中每个终端都需要单独认证并从运营商处获取地址。桥接模式接入时，CPE 只透传报文，无须升级支持 IPv6。

用户采用 PPPoX 的方式接入，对现网的改造要求最少，接入网都无须升级改造，只需要终端和 BRAS 设备支持 IPv6 即可。采用 L2TP 隧道做业务批发时，可仍使用现有的 IPv4 网络的 L2TP 隧道来支持 IPv6 业务批发，只需要作为 LAC 和 LTS 设备的 BRAS 支持 IPv6 报文转发，LNS 设备支持 IPv6 用户接入即可。

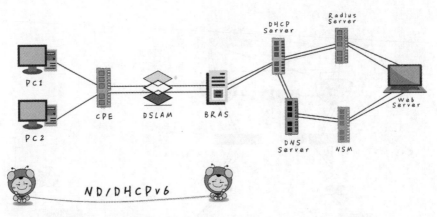

图 6-8　家庭网关（CPE）运行在桥接模式的用户接入场景

2. 家庭网关运行在路由模式

家庭网关运行在路由模式时，由家庭网关发起请求，运营商对家庭网关进行认证，为家庭网关分配 IPv6 前缀，家庭网关使用该前缀为家庭中有需要的终端分配 IPv6 地址。这种情况下，运营商只管理家庭网关。家庭内部的终端由家庭网关管理，场景如图 6-9 所示。

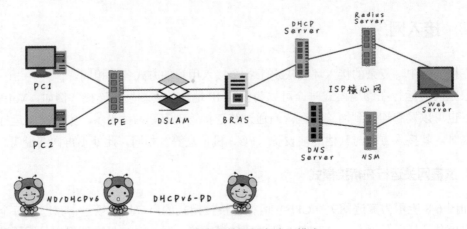

图 6-9　家庭网关运行在路由模式

3. 家庭网关同时运行在多种模式

家庭网关也可以同时运行在多种模式，例如，PC 上网业务运行在路由模式，IPTV 运行在桥接模式，家庭网关自己作为终端运行 VoIP、TR069（家庭网关的网管业务）业务等，其应用场景如图 6-10 所示。

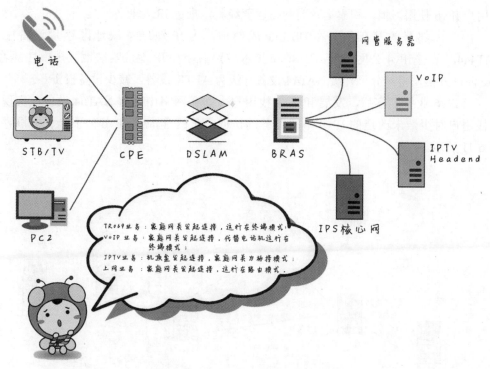

图 6-10 家庭网关的多种运行方式

6.2.4 IPv6 网络规划

由于业务多样性各不相同，因此要根据每个业务的业务特点进行 IPv4 向 IPv6 的升级，采用最适合的升级方案。

1. 按业务场景采取不同的 IPv6 过渡技术

除了接入宽带用户之外，现有网络中 IPTV、VoIP 等业务用户交互模式单一，用户间没有互动且运营商提供的内容较少，所以此种情况可以直接升级为 IPv6 网络。

2. 结合中国现状，宽带上网业务演进方案

基于接入用户的复杂程度，首先启用双栈服务平滑升级（即终端支持 IPv6 的客户可以拿到 IPv6 的地址，如果终端不支持 IPv6 的客户，可以通过现有 IPv4 网络继续使用），同时对于无法支持 IPv6 的客户采用 L2TP 隧道接入双栈网络，采用双栈方式发展用户，培

养用户 IPv6 使用习惯，积累运营商网络运营经验，推进 IPv6 业务发展。

在双栈部署的基础上，在 DS-Lite 成熟前，为 IP 地址紧缺地区存量设备中部署 NAT444，节省 IPv4 公网地址。DS-Lite 技术成熟后，在 IP 地址紧缺地区规模性部署 DS-Lite 演进方案，将部分可升级 NAT44 设备升级为 AFTR 设备，减少设备投资。

当 IPv6 业务丰富后，发展 IPv6 单栈用户，并在网络中部署 NAT64 设备，实现 IPv6 单栈用户对少数未改造的 IPv4 单栈业务的访问，最终建成纯 IPv6 的下一代互联网，如图 6-11 所示。

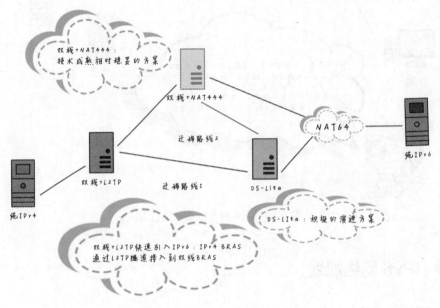

图 6-11　宽带上网业务演进方案

6.3　业务部署

6.3.1　业务需求分析

当前中国移动 IPv4 地址的使用情况如图 6-12 所示。具体分析如下。

- 有线宽带等固网业务占用的 IPv4 公网地址最多，占用 7450 万左右。
- 专线接入等大客业务占用 IPv4 公网地址 810 万左右。

- 移动宽带 CTWAP 拨号采用的是私网地址；CTNET 拨号采用的是公网地址，占用 550 万左右。
- IPTV 业务存在使用公网地址消耗情况。

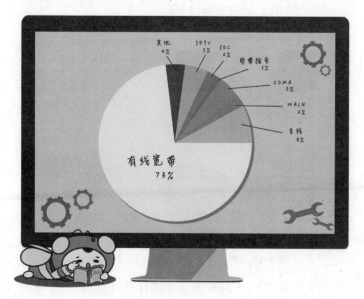

图 6-12 中国移动 IPv4 地址使用状况

6.3.2 宽带接入业务

宽带上网业务是对公网消耗最大的业务，也是当前最需要改造的业务。改造建议如下。

- 对于固网宽带和 IPTV 业务可逐步以省为单位引入私网地址，为新增用户分配私网地址，老用户暂时不迁移。
- 移动宽带业务由于存在漫游特性，保持现有模式，可全国统一考虑私网地址的部署。
- 原有软交换、IMS 网络保持 IPv4 私有地址不变，新增的 SIP 话机等可与固网宽带采用同样的私网地址，通过地址转换方式接入 BAC。

下一代互联网 IPv6 的发展不单单是网络层面的演进，IP/IT 支撑系统需要同步支持各项 IPv6 业务功能。固网宽带用户业务受理流程牵涉很多环节，如 CRM 系统、SPS 系统、TSAP 系统、计费系统、AAA 系统等，如图 6-13 所示。

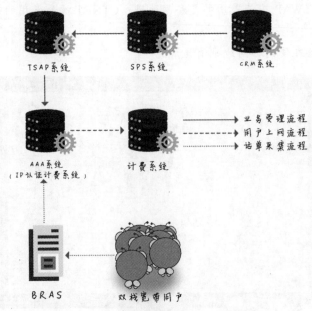

图 6-13　结合多系统的下一代互联网状况

CRM 系统（进行业务受理）→ SPS 系统（进行业务开通）→ TSAP 系统（进行局端设备数据自动数据激活）→ AAA 系统（认证及计费）→ BSN 系统（完成 IPv6 计费 CDRs 的批价与账务）。

现有网络中的 IP/IT 支撑系统已具备支撑 IPv6 宽带业务接入的能力，为更好地推动 IPv6 的演进，未来的发展需确实关注和解决的问题如下。

- 由以往的单栈 IPv4 宽带业务转变为单栈 IPv4、双栈、单栈 IPv6 等多元化宽带业务，支撑系统针对不同业务属性用户的受理与切换等问题。
- 过渡技术的引入，要求支撑系统做好功能评估，为后续工作提前筹备。
- 运营商都拥有各自的自营业务，过渡技术的应用所带来的业务影响，支撑系统应积极应对，寻求合理有效的解决办法。

6.3.3　无线宽带业务

目前，用户上网通过 WLAN 接入到城域网 BRAS 设备，由 BRAS 设备为用户分配公网地址，用户发起 HTTPS 访问请求后被重定向到 WLAN Portal 进行认证。用户输入用户名和密码后，Portal 将用户认证信息转发到 AAA 进行认证后，用户可以通过认证后的公网地址访问互联网。

事实上，WLAN 接入方式下的无线宽带业务在网络侧与固网宽带业务方式基本一致。因此，除了针对 WLAN Portal 的额外改造需求外，对 IPv6 的支持同样要求城域网网络设备支持 IPv6 接入，IP、IT 支撑系统支持 IPv6 用户属性的识别和处理。

WLAN 的改造过渡可分为如下两个阶段。

第一阶段，支持用户使用 IPv4 HTTP 进行了 Portal 认证，认证通过后可以使用双栈访问 Internet，支持 IPv6 话单信息生成。

第二阶段，在 BRAS 设备支持 IPv6 HTTP 重定向的情况下，支持用户通过 IPv6 方式访问 Portal。

无线宽带在 WLAN 方式下，地址分配是由 BRAS 设备实现的。因此，应从地址枯竭情况出发，通过合理规划 BRAS 的地址配置来控制是否引入地址复用技术。

6.3.4 其他业务

1. IDC 网

IDC 是互联网内容的聚集地，而公网 IP 地址是提供 IDC 业务的基本条件，IPv4 地址的枯竭对于 IDC 业务正常运营有着最直接的影响。

经过多方实验和研究，IDC 网已具备升级为双栈网络的条件，可以为接入 IPv6 的 ICP 服务商提供很好的平台。无可否认，网络现状仍然以 IPv4 互联网业务为主，很多 ICP 服务提供商升级改造为 IPv6 或双栈环境的积极性不高。一方面，升级改造会带来一定风险，ICP 服务提供商担心会影响到现网业务；另一方面，没有 IPv6 宽带用户客户源，无法体现 IPv6 网络的优势，另外，ICP 服务提供商不想投入太多资金在 IPv6 上，因为在短期内无法看到收益。

基于以上多种原因，目前大量 ICP 仍然以 IPv4 接入为主。为了打破僵局，应以政府为主导，联合产业链各方，尽快制定内容和应用向 IPv6 迁移的整体方案，解决应用层面 IPv4/1Pv6 的互通问题，为用户提供丰富的 IPv6 内容源，调动用户向 IPv6 网络迁移的积极性。在 IDC 网内可考虑采用 IPv4-IPv6 的协议转换技术，实现 IPv6 网络用户也能正常访问 IPv4 网络中的业务内容，例如现今业界广为熟知的反向代理、NAT64、IVI、应用层代理等技术，从而进一步推动 ICP 服务提供商往 IPv6 方向迈进。

2. 移动承载网

目前分组域承载移动互联网业务，对地址需求量很大，也需要率先向 IPv6 过渡。而电路域和无线网络都属于封闭网络，对公有地址需求不大，暂时无须升级为 IPv6 网络，设备之间的管控可继续使用 IPv4 地址。

现有网络中移动网设备已具备双栈、单栈 IPv6 的接入能力。随着演进步伐的迈进，公网 IPv4 地址已不能满足业务需求。但由于 IPv6 的引入处于初级阶段，再加上无实际 IPv6 业务内容可供访问，所以 IPv4 仍占主导地位。预计移动承载网的未来发展将以两条主线为指引：一方面积极开展 IPv6 的深入研究，全面系统地进行功能与性能评估，实施穿越流程的业务实验，包括本地业务和漫游业务；另一方面引入过渡技术，缓解公网 IPv4 地址资源不足的问题。除此以外，市场终端方面也需要积极开拓手机终端等产品对 IPv6 支持的力度，为日后新型业务的面世做好合理规划。

网络层面，以 IPv4 为主导，IPv6 为目的，双栈为基础，通过各种过渡技术和转换技术实现 IPv4 到 IPv6 网络的平滑过渡；业务层面，做好充分准备，从 IP/IT 支撑系统、业务系统到终端，完善 IPv6 相关功能的升级改造，为后续工作的开展未雨绸缪。以现网业务影响小、成本投入低为前提，尽可能保持现有网络结构，实现端到端业务体系和网络架构向以 IPv6 为基础的下一代互联网平滑演进。

6.4　IPv6 网络地址规划

6.4.1　规划思路

1. IPv6 地址

IPv6 地址长度为 128b，由前缀和接口标识组成。前缀相当于 IPv4 地址中的 Net-ID，接口标识相当于 IPv4 地址中的 Host-ID。前缀一般由运营商从地址管理机构申请后分配给终端用户，接口标识可以通过 MAC 地址转换、设备随机生成或手工配置生成。

IPv6 地址分为单播地址、多播地址和任播地址，分别用于不同场景。

2. 地址分配方式

IPv6 网络中，设备接口地址、设备环回地址、服务器地址和 IPv4 一样，采用静态公网地址。对于管理 IP 地址和业务 IP 地址，IPv6 和 IPv4 区别不大，但在分配细节上有一些细微的区别。

- 管理 IP 地址都采用静态分配。
- 业务地址可以动态分配，也可以静态配置。
- 特殊情况（如封闭系统）可以采用 ULA 地址。

3. IPv6 前缀规划

IPv6 地址虽然很多，但也需要合理规划网段（前缀）以避免资源浪费，并简化管理。不同的用户对地址的需求数量是不一样的。在进行前缀规划的时候，应尽量采用固定长度的前缀。

4. IPv6 地址层次化

运营商在进行地址规划的时候，需要考虑地址的层次化结构。不同的网络位置，规划不同的前缀长度，如图 6-14 所示。

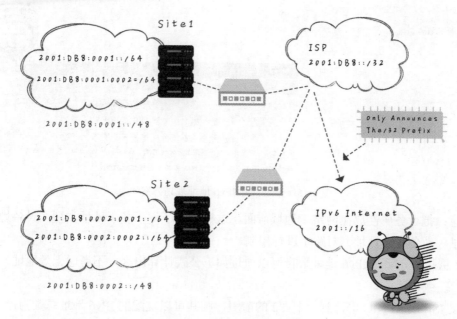

图 6-14　IPv6 地址层次规划

这样做的好处主要有以下几点。

- 利于路由快速查找。
- 借助路由聚合，有效缩短路由表长度。
- 提高路由器报文转发效率。
- 便于网络隔离和路由受限发布，提高管理性和安全性。

5. IPv6 地址规划示例

IPv6 地址长度为 128b，IP 地址可以携带丰富的管理信息，在进行 IPv6 地址规划的时候，尽量通过地址规划简化管理。

图 6-15 是某运营商 IPv6 地址规划方案。

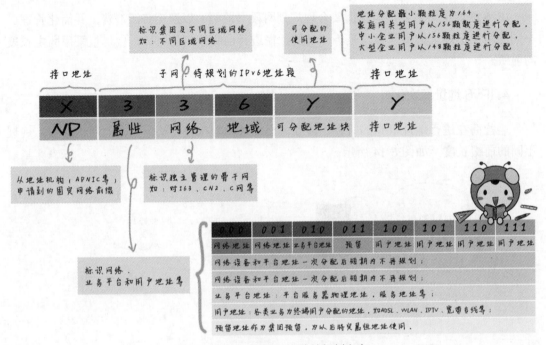

图 6-15　某运营商 IPv6 地址规划方案

注意：把业务属性放在网络＋地域前面，这样是为了便于基于地址类型（设备地址、用户地址、业务平台地址）对路由进行控制。

ISP 总共可分配的 IPv6 地址数目可以通过如下公式计算出来（不考虑无效地址）：

$2^{3+3+6+y}$ 或 2^{64-x}

如果 ISP 从 APNIC 申请到一个 /32 的前缀，则其可以支配的 IPv6 地址总数为：

$2^{64-32}=2^{32}$

对于某个特定骨干网的某一地域，可分配的 IPv6 地址数目为：

$2^{32}/2^{3+6}=2^{23}$

对于某个特定骨干网的某一地域，其可以分配的用户地址数目为：

$2^{23} \times （4/8）=2^{22}$

6.4.2 规划原则

1. 连续性

IP 地址分配要尽量给每个地市城域网 / 区域分配连续的 IP 地址空间。在每个地市城域网中，相同的业务和功能尽量分配连续的 IP 地址空间，有利于路由聚合以及安全控制。通过 IP 地址规划尽量减少核心设备之间的穿越流量（流量大于 10GB 才考虑）。

2. 灵活性

IP 地址的分配需要有足够的灵活性，能够满足各种用户接入，如小区用户、专线用户等的需要。

3. 扩展性

考虑用户增长和业务增长，各管理域必须预留足够的空间，以防 5 年内再引入新的地址段。

4. 合理性

IPv4 地址的分配采用 VLSM（变长掩码）技术，以保证 IP 地址的利用效率。采用 CIDR 技术，这样可以减小路由器路由表的大小，加快路由器路由的收敛速度，也可以减小网络中广播的路由信息的大小。所有网络设备的链路接口和 Loopback 接口都使用公网地址。IP 地址规划以区域分层为主，区域内按照业务模式划分地址块。封闭的承载网和封闭业务可以考虑使用 IPv4 私网地址或 IPv6 ULA 地址，或者使用独立的地址段。为了便于管理分配并易于聚合，IPv6 地址通常只分配几种固定长度的前缀，例如 /64、/56、/48 等，避免分配各种长度的前缀。对于 IPv4 用户，如果公网地址不够，可以采用私网地址，在汇聚层提供网络地址转换 NAT 功能，支持公私网地址混合编址。若地址资源允许，也可以考虑给企业等大客户出口直接分配公网地址。

对于 IPv6 多播业务，建议一般采用 scope 为 8（组织本地范围，属于组织的多个站点）的多播 IPv6 地址。地址规划方案越早实施越好，避免导致后期产生过多的地址碎片。

6.4.3 规划要素

1. IP 地址模式

IPv6 没有私网地址上的概念（但是 RFC4193 又重新启用了 ULA 地址，和 IPv4 的私网是一个意思，一般用于 VPN Site 内部地址规划），IPv4 存在私网地址和公网地址两种类型。

1）私网地址

建议采用 IETF RFC1918 定义的私网地址网段（B 类地址），私网地址方式的业务采用 L3 VPN/VLAN 进行了隔离。理论上，每种业务可以独享整个私网地址空间，独立进行地址空间的分配，但不排除为管理上的原因对不同业务的地址段进行划分。

对于不需要访问外部资源的业务，可以采用私网地址方式。对于需要访问公网资源的业务，如果地址资源需求量较大，也可以采用私网地址方式，这种情况下，访问公网资源则需要经过 NAT 设备进行公网和私网间的地址转换。

2）公网地址

采用 SP 公网地址资源开展业务。由于公网地址资源较为紧张，需要控制采用公网地址方式的业务数量，大量消耗地址资源的业务尽量不要采用公网地址的方式给用户分配地址。

2.IP 地址分配方式

1）两种地址分配方式

（1）静态配置方式。

手工配置 IP 地址，不需要接入认证和地址分配过程，一般用于企业用户。对于手工静态配置 IP 地址的用户路由发布，有如下三种方式。

- IPv4 可以通过在 BRAS 上配置 Static-User 发布静态用户路由。
- 通过拨号触发 RADIUS 向 BRAS 发布 Framed-Route 用户路由。
- 三层接入场景下，在接入设备配置静态路由即可。

注意：IPv6 静态 IP 用户接入情况下，必须要 CPE 支持 PD 才能够通过 BRAS 直接发布用户路由，否则需要 BRAS 支持 Framed-Route 通过 RADIUS 下发用户路由。

（2）动态分配方式。

用户每次通过 IPoE 或 PPPoE 上线时，都会根据地址资源的状况，动态决定分配给用户的 IP 地址，可以根据用户特征灵活分配地址。

对于动态固定方式，需要保证用户每次上线均采用相同的 IP 地址；对于 IPoE 接入方式，可以在用户侧进行静态 IP 地址配置；对于 PPPoE 接入方式，则需要 BRAS、

RADIUS 等配合，保证每次给用户分配已注册的 IP 地址。注意：动态固定分配的用户地址路由在 BRAS 上通过 RADIUS 下发 Framed-Route 发布，目前产品不支持在 BRAS 上直接配置 IPv6 静态路由，发布固定地址用户路由（IPv4 可以）。

地址分配给用户后，在用户上线期间，该地址会一直被其占用。当接入设备检测到用户下线后，动态申请到的地址会被释放回地址池，供其他用户使用。

2）地址管理和分配

在 IPv6 中，主机地址可使用四种方法进行配置。

■ 静态配置：类似于 IPv4，主机地址、掩码和网关地址通过人工方式定义。

■ 无状态自动地址配置（SLAAC）：在这种情况下，主机自动配置其地址。启动节点发送路由器请求消息，申请路由器广播（RA），以配置接口（RFC2462）。

■ 基于状态的 DHCPv6：主机使用 DHCP 获取其 IPv6 地址。此地址管理类似于 IPv4 的 DHCP 行为（RFC3315）。

■ 无状态 DHCP：主机使用 SLAAC 以及 DHCP 来获取其他参数，如 TFTP 服务器、WINS 等。

配置方式取决于局域网上路由器发送的 RA 标记。

（1）静态配置。

如同 IPv4 一样，主机地址能够静态定义。在这种情况下，主机的 IPv6 地址、掩码和网关地址均由人工定义。

静态地址配置一般用于路由器接口配置，但不太用于 IPv6 主机。

（2）无状态地址自动配置。

节点能使用 IPv6 无状态地址自动配置来生成地址，无需 DHCP 服务器。IPv6 地址通过结合网络前缀和一个接口标识符而构成。在内嵌了电气电子工程师协会（IEEE）标识符的接口中，接口标识符通常来自于 IEEE 标识符。

部署更简单：地址自动配置功能内置在 IPv6 协议中，可简化内联网一级的地址管理功能，使大量 IP 主机能够轻松发现网络，并获得与其所在位置相关的全球唯一 IPv6 地址。这种自动配置功能能够支持对全新消费者设备，如手机、无线设备、家电设备等进行即插即用的互联网部署。因此，网络设备无须人工配置，也不必使用任何服务器，如 DHCP 服务器等，就能够连接到网络。

原理：本地链路上的一个路由器通过 RA 消息发送网络类型信息，如本地链路的前缀以及路由器广播中的默认路由等，该路由器向本地链路上的所有节点提供这一信息。主机随后能构建自己的地址，在从路由器接收到的 /64 前缀后面附加一个主机标识符。因此，与以太网连接的主机能够自动配置，将其采用扩展通用标识符 EUI-64 位格式的 48 位链路层地址（MAC 地址）附加在路由器所广播的 64 位本地链路前缀后面。

重编号更加方便。在 IPv6 网络中，与 IPv4 相比，自动配置功能使得对现有网络重编号相对更为简单。路由器在其路由器公告中发送来自新上游供应商的新前缀。网络中的主机自动从路由器广播中拾取新前缀，然后使用它创建新地址。借此，网络运营商能够管理从供应商 A 到 B 的迁移。

（3）基于状态的 DHCPv6。

许多大型企业目前使用 DHCP 向主机分发地址。IPv6 也可使用相同的 DHCP 机制进行部署。为 IPv6 客户端获取配置数据的流程与 IPv4 类似。但 DHCPv6 对许多消息使用组播。最初，客户端必须首先使用邻居发现消息，检测出链路上路由器的存在。如果找到了一个路由器，客户端会检查路由器广播，以确定是否应使用 DHCP。如果路由器广播允许在该链路上使用 DHCP（禁用自动配置标记，并在 RA 消息中启用可管理标记，使主机能使用 DHCPv6 来获取 IPv6 地址），随后客户端开始 DHCP 请求，来发现 DHCP 服务器。

DHCPv6 的优势如下。

- 能够提供比无服务器 / 无状态自动配置更高的控制能力。
- 能同时与无状态自动配置共用。
- 能用于重编号。
- 能够支持使用动态 DNS 对主机进行自动域名注册。
- 能用于向叶节点客户端（CPE）路由器指派 IPv6 前缀。

（4）无状态 DHCP。

无状态 DHCPv6 一般结合无状态自动配置来进行地址分配，为 DHCPv6 获取其他配置信息。在这种情况下，DHCPv6 仅能用于供主机获取更多参数，如 TFTP 服务器、DNS 服务器等。

主机通过将主机标识符附加在从路由器接收到的 /64 前缀后面来构建自己的地址，然后向 DHCP 服务器发送一个 DHCP 请求消息。

6.5 网络安全

"缺乏安全性是互联网天生的弱点，这与是否采用 IPv6 关系不大。事实上，IPv6 并没有引入新的安全问题，反而由于 IPSec 的引入，以及发送设备采用永久性 IP 地址，而解决了网络层溯源难题，给网络安全提供了根本的解决途径，有望实现端到端安全性。"中国某科技委主任这样评价 IPv6 网络安全。

6.5.1 IPv6协议设计的安全考虑

从协议的角度，IPv4和IPv6均属于网络层协议，然而，不同的是IPv6具有相对于IPv4 32b地址空间更大的128b地址空间，这正是IPv6能够在未来代替IPv4的根本原因之一。

IPv6拥有如此巨大的地址空间，甚至可以为每一粒沙子都分配一个IP地址。而IPv4网络的地址分配是不规则的，并且很多时候是一个地址被多台主机共用。使用IPv6之后，我们能够将每个地址指定给一个责任体，就像给每个人一个身份号，每辆车一个车牌号一样，每个地址都是唯一的。IPv6的地址分配采用逐级、层次化的结构，这就使得追踪定位、攻击溯源有了极大改善。

另外，IPv6提出了新的地址生成方式——密码生成地址。密码生成地址与公私钥对绑定，保证地址不能被他人伪造。这如同汽车的车牌印上了指纹，别人不可能伪造这样的车牌，因为指纹造不了假。

在IPv6协议设计之初，IPSec协议就内嵌到协议栈中，这使得IPv6天生的安全性非常高，从而可以很好地保护IPv6报文中的完整性和保密性。

6.5.2 IPv6能减缓现有攻击

网络攻击作为现网中最严重的"癌症"，前提几乎都要先进行扫描，利用扫描反馈的结果进行有针对性的攻击。鉴于IPv6地址庞大的数量，每个地址为128b，协议中规定的默认网络前缀为64b。换句话说，就是一个网段内有264个地址，假设攻击者以10Mb/s的速度来扫描，也得需要大约五万年的时间才能遍历。IPv6大大增加了扫描的难度，由此增加了网络攻击的成本和代价。此时，黑客如果想侵占一定数量的主机发起DDoS分布式拒绝服务）攻击，那么其将会付出更多的代价，这在一定程度上减少了DDos攻击发生的可能性。

IPv6协议定义了多播地址类型，而取消了IPv4下的广播地址，有效避免IPv4网络中的利用广播地址发起的DDoS攻击。同时，IPv6协议规定了不允许向使用多播地址的报文回复ICMPv3差错报文，因此也能防止ICMPv3报文造成的放大攻击。

6.5.3 IPv6面临的新威胁

在IPv4向IPv6的演进过程中，还需要考虑各种过渡技术与方案的安全隐患。由于在共存时期，IPv4 网络与 IPv6 网络同时存在，且有互通需求，这就要求来自两种不同 IP 协议网络的威胁不能够交叉感染。另外，运营商所选择部署的各种过渡技术，由于尚无成熟的使用经验，因此很可能存在潜在的安全风险。

总之，安全隐患的主要根源是网络协议设的缺陷和网络设备开发的 Bug，或者是网络协议的部署与使用出现问题。在 IPv6 商用之初，应利用 IPv6 协议提供的新安全特性，先解决部分类似 IPv4 下已有的威胁。随着 IPv6 网络使用范围的扩大以及各种应用的迁移和增多，我们需要更加关注新型攻击。

6.5.4 IPv6 的安全机制和策略

1. 设定精细的过滤策略

面对 IPv6 地址结构以及相关协议的改变，防火墙或者网络边界设备需要设定更加精细的过滤规则。防火墙需要拒绝对内网知名多播地址访问的报文，关闭不必要的服务端口，过滤内网使用的地址。

为了防护 IPv6 扩展头的隐患，防火墙须检查扩展头的合法性。对于分片报文，防火墙能拒绝发送到网络中间设备的分片，并支持重组，具备防 DDoS 攻击能力。防火墙能识别 Tpye 0 类型的路由扩展头报文，并对其进行过滤。入口过滤机制在防火墙和边界设备上的实现也是必要的，这样可以缓解网络间的源地址伪造威胁。

2. 合理的部署策略

在 IPv6 与 IPv4 共存时期，过渡技术的安全部署尤为重要。各种网络安全设备都要具备对 IPv6 和 IPv4 威胁的防护能力。在使用隧通技术时，要尽可能采用静态配置隧道，以降低动态隧道的伪造和非法接入威胁。防火墙要设置对非授权隧道报文的过滤，同时识别各种隧道协议，能够对隧道报文的内嵌封装报文做访问控制。翻译设备，则要做好自身的 DDoS 攻击防范。

第 7 章

内容和应用部署 IPv6

7.1 互联网数据中心的升级改造方案

互联网数据中心（Internet Data Center，IDC）的 IPv4 到 IPv6 的难点（见图 7-1）如下。

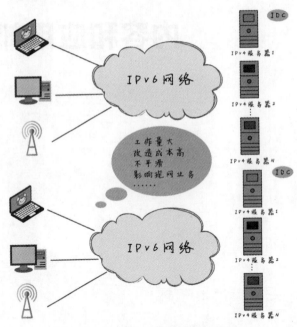

图 7-1 IDC IPv6 改造方案存在困难

■ 为了尽可能减小对互联网业务的影响，必须在规定的时间完成快速部署。

■ 核心业务流量大，对性能、可靠性要求高。

■ 内网服务众多，目前所有 IPv4 主机、IPv4 服务器需要在短时间内全部对公网提供 IPv6 访问能力。

除了这些问题，还有如成本较高、工程难以规划等问题。

为了使 IPv6 客户端可以访问 IPv4 服务，我们以 H3C 提出的 AFT（Address Family

Translation，地址族转换）快速部署方案为例（如图 7-2 和图 7-3 所示）。

图 7-2　IDC IPv6 改造方案（串接部署）

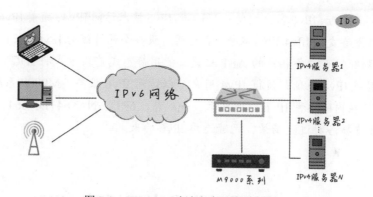

图 7-3　IDC IPv6 改造方案（旁路部署）

　　IDC 原有网络无须改动，无须在出口处增加部署 M9000（AFT 服务器）系列产品，配置 AFT 功能。

　　将 IDC 内网服务器的 IPv4 根据不同的规模可选择通过静态或前缀方式映射成 IPv6 地址，并将路由对外发布，用来引导公网 IPv6 用户访问 IDC 内网的流量都转发到 M9000 设备上。

　　报文到达 M9000 设备后，根据配置好的映射关系，将 IPv6 目的地址转换为 IDC 内网相应的 IPv4 服务器地址。

　　在满足功能需求的前提下，M9000 系列产品采用分布式架构，具备高性能引擎、高端口密度和高可靠性，能满足不同规模 IDC 对性能的不同需求，能够实现资源的智能分配与弹性扩容。

　　在网络改造方面，只需在 IDC 出口新增一台 M9000 设备即可，对 IDC 内网不需要做任何更改。同时也支持部署多台集群，实现负载分担或冗余备份。

该方案的其他优势如下。

- 部署简单，平滑升级。
- 组网灵活，按需选择。可按需选择串接部署或旁路部署两种方式。串接部署方式可实现多链路自动负载均衡，旁路部署可以只将 IPv6 流量引到 M9000 做 AFT 转换处理，对原有 IPv4 流量无任何影响。
- 为 IPv6 网络环境提供安全保障。作为多业务安全网关，M9000 设备具有强大的安全防护功能及深度安全处理能力。
- 集成链路负载均衡特性，通过链路状态检测、链路繁忙保护、智能 DNS 等技术，有效实现 IDC 出口的多链路智能负载均衡和自动切换，全面满足 IDC 场景自身的业务需求。

关于未来的设想如下。

- IPv6 部署初期，IPv6 客户端使用 IPv4-to-IPv6 技术访问 IPv4，随着 IPv6 部署的演进，从关键设备支持 IPv4/IPv6 双栈，直至所有服务全面升级为 IPv6。在 IPv6 部署后期，只需修改 AFT 设备相应的 AFT 配置，使用静态或前缀方式将 IDC 内部的 IPv6 地址映射成 IPv4 地址，使得 IPv4 用户可以访问 IPv6 服务。M9000 系列全面支持包括 AFT 在内的各种 IPv6 过渡技术，如双栈、6RD、NAT64+DNS64、DS-Lite 等，可全面支持各种过渡场景，无缝连接 IPv6 的未来。

7.2 网页浏览类应用迁移方案

7.2.1 迁移原理分析

浏览器主要使用 HTTP/HTTPS 协议，而 HTTPS 本质上也是运行在 SSL 层或 TLS 层之上的 HTTP，IPv6 对 HTTP 的影响与 HTTPS 并无本质差异。

用户访问互联网网页有两种形式：一种是通过域名访问；另一种是直接通过 IP 地址访问。协议交互过程如下所示。

（1）浏览器从 URL 中提取出域名后，传递给本地主机上的 DNS 应用客户端。

（2）DNS 客户端发送 DNS 请求到 PC 配置好的 DNS 服务器。该请求可以是申请 IPv4 地址的 A 请求，也可以是申请 IPv6 地址的 AAAA 或者 A6 请求。

（3）DNS 服务器通过域名解析，返回给 DNS 客户端该域名所对应的 IP 地址（根据申请的类型返回 IPv4 或者 IPv6 地址）。

（4）DNS 客户端将该 IP 地址返回给浏览器。

（5）浏览器接着打开该 IP 地址对应的 HTTP 服务器的 TCP 连接。

（6）TCP 连接建立后，由浏览器发出 HTTP 请求报文。

（7）HTTP 服务器返回 HTTP 响应报文。

（8）用户进行页面浏览，当用户关闭网页，浏览器发出关闭请求，关闭 TCP 连接。

HTTP 请求报文由 3 部分组成，分别是：请求行、消息报头、请求正文。请求行以一个方法符号开头，以空格分开，后面跟着请求的 URI 和协议的版本，格式为：Method Request-URI HTTP-Version CRLF。其中，Method 表示请求方法，包括 GET、POST、HEAD 等；Request-URI 是一个统一资源定位符；HTTP-Version 表示请求的 HTTP 版本；CRLF 表示回车和换行。例如 GET 方法，在浏览器的地址栏中输入网址访问网页时，浏览器采用 GET 方法向服务器获取资源，具体表示为 GET/form.html HTTP/1.1 （CRLF）。

http 报文头是可选的，包括普通报头、请求报头、响应报头和实体报头，这里只描述请求报头。请求报头用于客户端向服务器端传递请求的附加信息以及客户端自身的信息。请求报头包括 Accept、Authorization、Host 以及 User-Agent 报头，其中，Host 报头是必需的。Host 请求报头域主要用于指定被请求资源的 Internet 主机和端口号，通常是从 HTTP URL 中提取出来的。例如，在浏览器中输入"http://www.domain.com"，浏览器发送的请求消息中，就会包含 Host 请求报头域 Host:www:domain.com，此处使用默认端口号 80，若指定了端口号，则变成 Host:www.domain.com: 端口号。

请求和响应消息都可以传送一个实体。一个实体由实体报头域和实体正文组成，但并不是说实体报头域和实体正文要在一起发送，可以只发送实体报头域。实体报头定义了关于实体正文和请求所标识的资源的元信息。实体正文就是返回的网页内容代码。

HTTP 响应也由三部分组成，分别是状态行、消息报头和响应正文。

状态行：HTTP-Version Status-Code Reason-Phrase CRLF。其中，HTTP-Version 表示服务器 HTTP 的版本号；Status-Code 表示服务器发回的响应状态码；Reason-Phrase 表示状态代码的文本描述。

状态码由 3 位数字组成，第 1 个数字定义了响应的类别，且有 $1 \times \times \sim 5 \times \times 5$ 种可能取值。例如，HTTP/1.1 200 OK（CRLF）表示请求已经被成功接收、理解和接受。

响应报头：允许服务器传递不能放在状态行中的附加响应信息，以及关于服务器的信息和对 Request-URI 所标识的资源进行下一步访问的信息。例如，Location 响应报头域用于重定向接收者到一个新的位置。Location 响应报头域常用在更换域名的时候。Server 响应报头域包含服务器用来处理请求的软件信息，与 User-Agent 请求报头域是对应的。WWW-Authenticate 响应报头域必须被包含在 401 响应消息中。客户端收到 401 响应消息，并发送 Authorization 报头域请求服务器对其进行验证时，服务器端响应报头就包含该报头域。例如，WWW-Authenticate:Basic realm = "Basic Auth Test"，则可以看出服务器对请求资源采用的是基本验证机制。

如果用户在浏览器中直接输入 IP 地址，或者直接单击一个包含 IP 地址的 URL 链接，则不需要进行 DNS 解析，直接从浏览器向目标服务器发起 TCP 连接直到最后关闭网页。

当引入 IPv6 以后，用户能否成功访问网页，与 HTTP 本身没有关系，而是与客户端浏览器对底层 TCP/IP 的调用以及 URL 中的域名或 IP 地址有关。同时，与被访问的网站以及用户终端所支持的协议有关。客户端与服务端的关系如图 7-4 所示。

	服务端IPv4	服务端IPv6	服务端IPv4&IPv6（双栈）
客户端IPv4	可以访问	无法访问	可以访问
客户端IPv4	无法访问	可以访问	可以访问
客户端IPv4&IPv6（双栈）	可以访问	可以访问	可以访问

图 7-4　影响用户访问网页成功的因素

如果使用域名访问互联网，客户端是单栈，则只能发起 A 或者 AAAA 的请求，返回 IPv4 或者 IPv6 地址。对于服务端是单栈的网站，则存在无法返回用户所需类型地址的情况导致访问失败。

如果使用 IP 地址访问互联网，情况更复杂一些。由于 HTTP 服务器返回给 HTTP 浏览器客户端的网页中所包含的链接是以 IP 地址的形式呈现，因此即使该链接所对应的网站已经改成了双栈，此 IP 地址还是只可能将用户引向一个单栈的网页。例如，该服务端的网页已进行过双栈改造，但是 URL 中只输入了该链接的一个 IPv4 地址，这样对于一个 IPv6 单栈的用户，就无法访问该网页。但如果 URL 中采用的是域名的方式，该 IPv6 用户是可以访问成功的。

7.2.2　迁移方法建议

IPv6 的引入对网页浏览的影响与 HTTP 本身没有关系，而是与 URL 中的域名以及 IP 地址相关。对于采用域名访问的用户，有两种类型的解决方案：一种是采用协议转换或者代理的方式，将 IPv4 的报文翻译成 IPv6 报文，从而给 IPv6 用户提供 IPv6 信息源；另外一种是采用双栈的方式给用户提供 IPv6 信息源。前者比较适合于在运营商的网络边界统一部署协议转换或者代理网关；后者比较适合于 ICP 内部自行改造。下面就这两种类型的方案进行具体阐述。对于直接使用 IPv4 地址访问网页的用户，如果该用户是双栈用户，则可以直接用 IPv4 地址访问资源；如果是 IPv6 单栈用户，则无法访问该网站。

1. 运营商协议转换解决方案

此处的协议转换是通过部署 DNS ALG 来实现的。典型的技术是 NAT-PT 或者 NAT64。由于用户在同一台终端上只能配置一个 DNS 地址，因此要将此 DNS 地址指向一个特定的 DNS ALG 地址，该 DNS ALG 只能由运营商统一部署在 IPv4 和 IPv6 网络边界并下发给用户。具体流程如下。

（1）双栈用户 IE 向 IPv6 DNS 发起 AAAA 请求。

（2）lPv6 DNS 发现 ICPI 域名所对应的 IPv6 地址，该地址是 ICPI 的 IPv4 地址加上 /96 的 prefix 形成的一个新的 IPv6 地址，手工配置在 DNS 里，返回给用户。

（3）双栈用户向 IPv4 DNS 发起 A 请求（与（1）同时）。

（4）IPv4 DNS 返回 ICP 的 IPv4 地址给用户。

（5）用户收到该 ICPI 的 IPv4/IPv6 地址后，优选 IPv6 地址，携带端口号发起连接。

（6）协议转换网关处理该连接，从 IPv4 地址池中分配一个公有 IPv4 地址 + 端口号与源 IPv6 地址 + 端口号对应，并维护一张映射表，将目的 IPv6 地址的 prefix（/96）去掉，留下 IPv4 地址作为目的地址（ICP 的 IPv4 地址）。

（7）协议转换网关发起与 ICPI 的连接，ICPI 返回网页给用户，也通过协议转换网关将 IPv4 报头转换成 IPv6 报头，如图 7-5 所示。

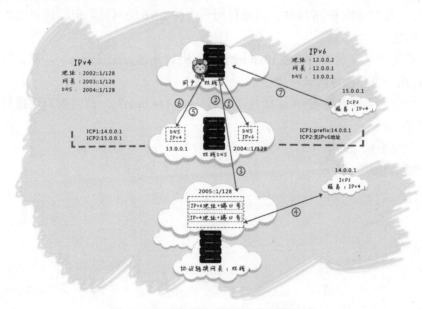

图 7-5 网页类浏览应用的协议转换方案

采用协议转换的方式只能解决使用域名访问互联网的情况，不能解决直接采用 IPv4 地址访问互联网用户的问题。

2. 运营商 Socket 代理解决方案

场景一：用户是纯 IPv6 终端，直接访问一个纯 IPv4 的网站。

（1）用户使用纯 IPv6 终端上网。先进入该平台的导航网页 www.CTIPv6.com。

（2）导航 Web 服务器通过用户源地址得知用户是纯 IPv6 用户，将 www.114.com 前加上 http://ipv6*/ 前缀，对 http IPv4/IPv6 协议转换服务器发送 HTTP 请求，源地址为 IPv6 地址，并用不同的端口区分不同的 TCP 连接。

（3）http IPv4/IPv6 协议转换服务器接收到此域名后，将前缀去掉，并利用对应的 IPv4 地址向 www.114.com 发起 HTTP 请求。

（4）www.114.com 收到该请求之后返回网页首页给协议转换服务器。

（5）服务器在该返回的 IPv4 www.114.com 网页的所有链接前加上 ipv6*/ 形成一个新的 IPv6 域名，其中所有的链接（包括动态链接）所对应的 IPv4 地址都改为 IPv6 地址，并推送给客户端。

（6）客户端收到此经过协议转换的网页后，单击其中的子链接，本地操作系统发起 HTTP 请求至协议转换网关（此时不需要经过 Portal 页面），协议网关重复第 3 ～ 5 步，将经过转换的网页发送给客户端。

场景二：用户是纯 IPv6 终端，直接访问一个纯 IPv6 的网站，但其网页动态链接中包含纯 IPv4 网址。

（1）在用户第一次访问该纯 IPv6 网址时（例如 ipv6.google.com），不必经过该协议转换平台，用户可直接访问该网站。

（2）当该网页中包含 IPv4 连接时（例如 www.114.com），此时客户端拨号软件将自动弹出导航网页。

（3）重复场景一的第（3）～（6）步。

具体流程如图 7-6 所示。

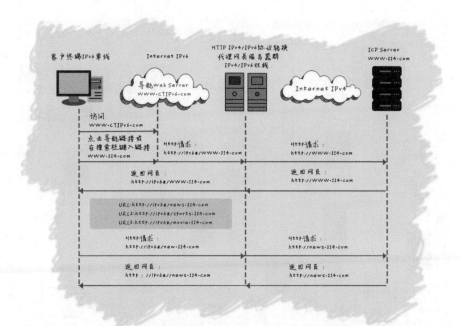

图 7-6 网页类浏览应用的 Socket 代理解决方案

使用协议转换和 Socket 代理技术只是从面向用户的角度对 ICP 进行了迁移，这两种方案只能作为过渡时期的方案。ICP 最终需要对自身的网站服务器或者程序进行改造迁移到 IPv6。

双栈的解决方案适合 ICP 对自身服务器的改造，这也是 ICP 向 IPv6 迁移必经的第一步。以下就结合 ICP 网站的架构来对不同类型的网络浏览业务的迁移来阐述对迁移改造的建议。

网页浏览业务分为新闻资讯类产品和互动类产品。新闻资讯类产品主要是静态网页，互动类产品主要是动态网页，这两类产品的双栈改造需要区别对待。

3. ICP 新闻资讯类产品系统双栈改造解决方案

ICP 新闻资讯类产品系统 IPv4 访问流程如图 7-7 所示。

针对新闻资讯类应用，需要将用户指向的服务器设置为双栈，即将 DNS 授权服务器中返回给用户 IP 地址所对应的服务器设置为双栈。若该服务器为负载分担服务器，则 squid 服务器也需要升级为双栈，初期一般只选择一台进行升级。若用户直接访问 ICP 的负载分担服务器，也应将此负载分担服务器设置为双栈。若用户直接访问 ICP 租用 CDN 内的服务器，则需要将 CDN 内的服务器设置为双栈（需要 ICP 与 CDN 服务商协商）。双栈改造解决方案如图 7-8 所示。

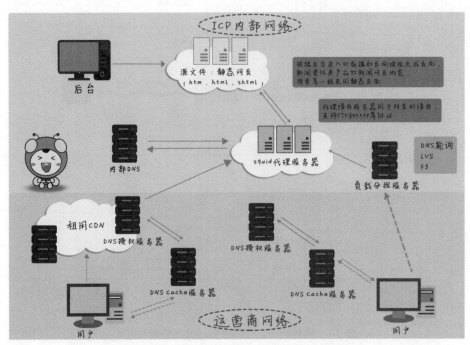

图 7-7　ICP 新闻资讯类产品系统 IPv4 访问流程

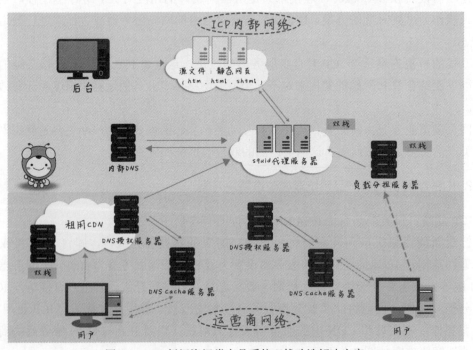

图 7-8　ICP 新闻资讯类产品系统双栈改造解决方案

4. ICP互动类产品系统双栈改造解决方案

ICP 互动类产品系统 IPv4 访问流程如图 7-9 所示。

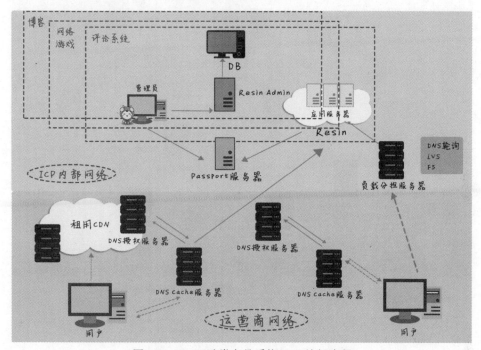

图 7-9　ICP 互动类产品系统 IPv4 访问流程

由于互动类产品交互的信息量较少，而且不会像静态网页那样被第二次引用，因此一般用户请求不会经过 squid 服务器到达应用服务器，而会直接从负载均衡服务器发送至应用服务器。比较典型的互动产品是论坛。在论坛中，经常需要显示用户的 IP 地址，DB（数据库）需要修改支持识别 128 位的 IPv6 地址，同时 Apache 容器需要支持 IPv6。

从网络设备方面来说，若原有网络中有 squid 服务器，squid 可将 IPv6 地址作为字符串加到 HTTP 报头中并转发出去，相当于透传 IPv6 地址，则初期可只选择一台 squid 改造。若原有网络中无 squid 服务器，则应用服务器需升级成双栈。

具体流程如图 7-10 所示。

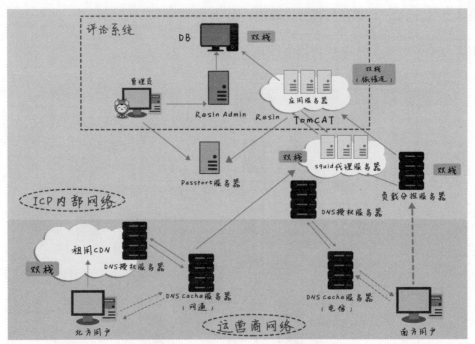

图 7-10　ICP 互动类产品系统双栈改造解决方案

7.3　FTP 应用迁移方案

要了解 IPv6 对 FTP 的影响，首先了解 FTP 的工作原理。FTP 具体工作原理如图 7-11 所示。

用户通过 FTP 传输文件存在两种形式：一种是通过域名访问服务器；另一种是直接通过 IP 地址访问服务器。通过域名访问服务器的流程见图 7-11 中实心圆圈所标识的序号，通过 IP 地址访问服务器的流程见图 7-11 中用虚线圆圈所标识的序号。

对于用户使用域名访问服务器的情况，具体流程如下。

（1）用户在 FTP 客户端中输入 www.abcd.com 之后，客户端将主机名 abcd.com 传递给本地主机上的 DNS 应用客户端。

（2）DNS 客户端发送 DNS 请求报文到 PC 配置好的 DNS 服务器。该请求可以是申请 IPv4 地址的 A 请求，也可以是申请 IPv6 地址的 AAAA 或者 A6 请求。

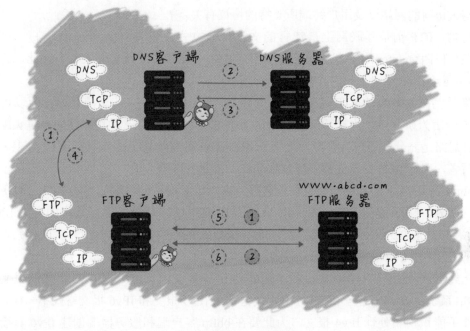

图 7-11　FTP 工作原理

（3）DNS 服务器通过域名解析，返回给 DNS 客户端该域名所对应的 IP 地址，根据申请的类型返回 IPv4 或者 IPv6 地址。

（4）DNS 客户端将该 IP 地址返回给 FTP 客户端。

（5）FTP 客户端首先与 FTP 服务器建立控制连接。它首先向服务器的 TCP 21 端口发起一个建立连接的请求，FTP 服务器接受来自客户端的请求，完成连接的建立。

（6）FTP 控制连接建立之后，即可开始传输文件。传输文件的连接称为 FTP 数据连接。FTP 数据连接就是 FTP 传输数据的过程。它有两种传输模式：主动（Active）传输模式和被动（Passive）传输模式。在 PORT 模式（主动方式）下，FTP 客户端首先和 FTP 服务器的 TCP 21 端口建立连接，通过这个通道发送命令。客户端需要接收数据的时候在这个通道上发送 PORT 命令。PORT 命令包含客户端用什么端口（一个大于 1024 的端口）接收数据。在传送数据的时候，服务器端通过自己的 TCP 20 端口发送数据。FTP 服务器必须和客户端建立一个新的连接用来传送数据。在被动模式下，FTP 服务器打开一个大于 1024 的随机端口；并且通知客户端在这个端口上传送数据的请求，然后 FTP 服务器将通过这个端口进行数据的传送。这个时候 FTP 服务器不再需要建立一个新的和客户端之间的连接来传送数据。

通过对用户 FTP 访问流程的分析可以发现：当 IPv6 引入后，用户是否能够正常使用 FTP 进行文件传输，与 FTP 本身并没有关系，而是与 FTP 软件以及域名或者 IP 地址有关，也就与被访问的网站以及用户终端所支持的协议有关。

目前，FTP 仍是互联网上最流行的文件传输方式。作为一个 Internet 用户，可通过 FTP 在任何两台 Internet 主机之间复制文件。FTP 主要用于下载公共文件。因此，无论是在 IPv4 还是 IPv6 环境下，FTP 都是必不可少的。

鉴于现在大多数的 FTP 软件（如 CuteFTP、FlashFXP）都只支持 IPv4，所以可以选择 FTP 应用为研究点，构建基于 IPv6 的高性能的 FTP 系统。一种思路是完全重头编写；另一种思路是充分利用现有资源，把基于 IPv4 下的高性能 FTP 系统移植到 IPv6 上。我们选择后者，选择 RCF 支持的最新版软件 bbftp 3.0 进行改造。

bbftp 是 IPv4 下的高性能文件传输软件。它对于大文件的传输比普通 FTP 具有更高的效率。此外，bbftp 是开源的。我们在自建的 IPv6 局域网环境下，以基本的支持 IPv6 的 socket 接口扩展 0 为指导，对开源软件 bbftp 最新版 3.0 进行改造，修改相关的代码，实现 bbftp 从 IPv4 到 IPv6 的移植。

在纯 IPv6 环境下，IPv6 协议栈不能处理 IPv4 报文，只能处理 IPv6 格式的报文。要把 bbftp 系统从 IPv4 移植至纯 IPv6 上，关键在于 IPv4 报文和 IPv6 报文格式不一样，IPv6 协议栈不能识别和处理 IPv4 报文，为此要在 bbftp 客户端和服务器端创建 IPv6 套接口，以此来代替 IPv4 套接口，把 IPv4 的通信端点的标识信息用 IPv6 的信息来替代，变换相关函数中与地址族有关的参数，根据 IPv6 的特性对应用程序进行适当调整。

实现的思路为，保留 bbftp 的基本算法不变，维持其多流数据传输、用户名和口令的加密传送，增大的 TCP 窗口等高性能文件传输特性，以 RFC2553 "基本支持 IPv6 的 socket 接口扩展" 为指导对其进行改造，去掉 bbftp 中与 IPv4 依赖的代码，增加 IPv6 有关的特性，把 bbftp 从 IPv4 移植到 IPv6 上。

bbftp 从 IPv4 移植到 IPv6 修改的步骤如下。

（1）构造一个双协议栈的服务器，给其分别配置 IPv4 和 IPv6 地址。

（2）修改原来创建的 IPv4 套接口，创建基于 IPv6 的套接口。

（3）把套接口函数中涉及 IPv4 套接口地址结构的指针的参数，用 IPv6 套接口地址结构的指针来替换。

（4）将 IPv6 套接口绑定到 IPv6 通配地址和 5021 监听端口（注：5021 是 bbftp 用于控制连接的端口）。

（5）采用兼容 IPv4/IPv6 的地址转换函数，代替只支持 IPv4 的地址转换函数。

（6）对有关 IPv4 地址显示格式代码进行修改，以足够的空间和长度显示 IPv6 格式地址。

7.4 电子邮件应用迁移方案

7.4.1 IPv6 对电子邮件应用的影响分析

1. 对客户端电子邮件的影响

想了解 IPv6 对客户端邮件的影响，首先要了解客户端邮件的工作原理。客户端邮件的具体工作原理如图 7-12 所示。

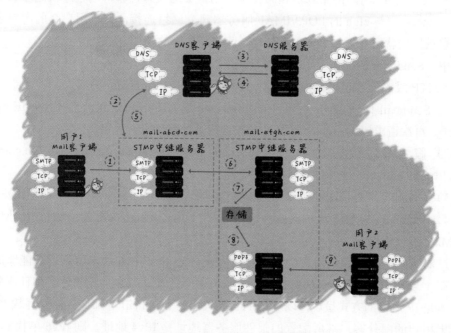

图 7-12　客户端邮件工作原理

图 7-12 说明了用户 1 通过客户端邮件（例如 Foxmail）向用户 2 发送邮件，以及用户 2 通过客户端邮件接收该邮件的过程。这两个用户所使用的 Mail 服务器不同，分别为 mail.abcd.com 以及 mail.efgh.com。这里假设用户在邮件客户端中所定义的邮件服务器都是以域名的形式存在的。

（1）用户 1 的邮件客户端程序（这里假设为 Outlook Express）与 abcd.com 的 SMTP 服务器建立网络连接，使用 SMTP 把邮件发送给 abcd 的 SMTP 服务器。abcd 的 SMTP 服务器收到用户 1 提交的电子邮件后，首先根据收件人的地址后缀判断接收者的邮件地址是否属于该 SMTP 服务器的管辖范围，如果是的话就直接把邮件存储到收件人的邮箱中，否则按如下流程去执行。

（2）如图 7-12 所示的第②～⑤步，abcd 的 SMTP 服务器将采用邮件传输代理（例如 Sendmail）去相应的 DNS 服务器通过 MX 记录查找用户 2 域名所对应的 SMTP 中继服务器的 IP 地址。

（3）如图 7-12 所示的第⑥步，abcd 与 efgh 的 SMTP 服务器建立连接并采用 SMTP 把邮件发送给 efgh 的 SMTP 服务器。

（4）如图 7-12 所示的第⑦步，efgh 的 SMTP 服务器接收到 abcd 的 SMTP 服务器发来的电子邮件后，直接把邮件存储到收件人的邮箱中。

（5）如图 7-12 所示的第⑧步和第⑨步，用户 2 通过邮件客户端程序（这里假设也为 Outlook Express）与 efgh 的 POP3/IMAP 服务器建立网络连接，并以用户 2 的用户名和密码进行登录后，就可以通过 POP3 或 IMAP 读取邮件中的邮件。

其中，Sendmail 的具体工作原理如下。

若 SMTP 服务器 mail.abcd.com 收到一封要给 user2@efgh.com 的信。

（1）Sendmail 请求 DNS 给出主机 efgh.com 的 CNAME 记录，若 CNAME 到 mail.efgh.com，再次请求 mail.efgh.com 的 CNAME 记录，直到没有为止。

（2）假定最后 CNAME 到 mail.efgh.com，然后 Sendmail 会请求 @efgh.com 域的 DNS 给出 mail.efgh.com 的 MX 记录。

（3）Sendmail 最后请求 DNS 给出 mail.efgh 的 A/AAAA 记录，即 IPv4 或者 IPv6 地址。

（4）Sendmail 与该 IP 地址连接，传送这封给 user2@efgh.com 的信到该 IP 地址服务器的 SMTP 后台程序。

通过对客户端邮件收发流程的分析可以发现：当引入 IPv6 后，用户是否能够成功使用客户端，与 SMTP 以及 POP3 协议本身并没有关系，而是与客户端软件、邮件服务器是以域名还是 IP 地址的方式呈现，以及 SMTP 服务器的 Sendmail 等邮件传输代理软件有关。

如果用户的邮件客户端所配置的邮件服务器地址是 IPv4 地址，则 IPv6 单栈 PC 无法成功访问邮件服务器。

如果客户端软件以及 Sendmail 等邮件转发软件在 socket 编程时，指定了 IP 层协议选择 IPv4（VC++ 编程）或者指定了 DNS 返回的地址只能是 IPv4 地址（Java 编程），则即便客户端软件是支持 IPv6 的，用户也不能正常地发送邮件。

2. 对 Web 电子邮件的影响

用户采用 HTTP 或者 HTTPS 的方式来访问 Web 邮件，从浏览器到邮件服务器的访问过程与网页浏览一致，从 A 网站服务器到 B 网站服务器的转发过程与客户端邮件一致。因此可以知道，IPv6 对 Web 邮件的影响，只与浏览器软件和邮件转发软件对底层 IP 的调用有关。

7.4.2　电子邮件应用迁移方案建议

图 7-13 是一个典型的邮件服务系统架构图。面向用户的邮件服务器地址可以是邮件服务 ICP 本身的负载分担服务器的地址，也有可能是该 ICP 在 CDN 所租用的地址。用户在发送或者接收邮件时，配置的邮件服务器地址一般是面向用户的负载分担服务器。负载分担服务器在接收到用户的发送、接收邮件或者邮件网页访问的请求后，将不同类型的报文分发到 SMTP、POP3 以及 Web 邮件服务器进行处理。各服务器再到存储服务器群上传或者下载所需的邮件。

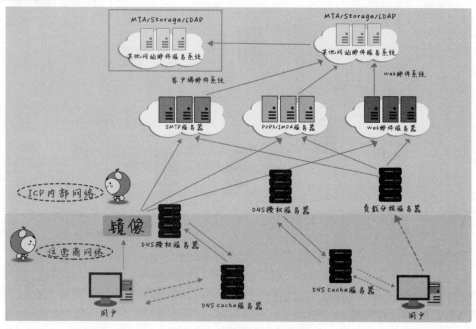

图 7-13　邮件服务系统架构

1. 客户端电子邮件迁移方案

1）运营商协议转换解决方案
同网页浏览运营商协议转换解决方案。

2）软件改造解决方案

客户端软件以及 Sendmail 等邮件转发软件在 Socket 编程时，应指定 IP 层协议有 IPv4 和 IPv6 两个接口（VC++编程），或者指定 DNS 返回的地址可以返回 IPv4 或者 IPv6 地址（Java 编程）。

3）系统改造解决方案

将用户指向的服务器设置为双栈即可，即将 DNS 授权服务器中返回给用户 IP 地址所对应的服务器设置为双栈。本例中将负载分担服务器和北方镜像服务器设置成双栈。

对于客户端收发邮件的情况，需要将 SMTP 和 POP3 服务器升级为双栈或者新建。

具体改造情况如图 7-14 所示。

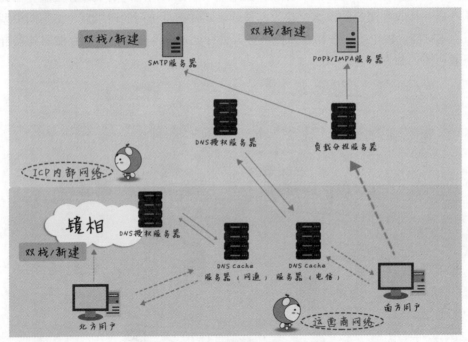

图 7-14　客户端电子邮件迁移方案

2. Web 邮件迁移方案

1）运营商协议转换解决方案

同网页浏览运营商协议转换解决方案。

2）运营商 Socket 代理解决方案

同网页浏览运营商 Socket 代理解决方案。

3）软件改造解决方案

Sendmail 等邮件转发软件在 Socket 编程时，应指定 IP 层协议有 IPv4 和 IPv6 两个接口（VC++ 编程），或者指定 DNS 返回的地址可以返回 IPv4 或者 IPv6 地址（Java 编程）。

4）系统改造解决方案

要将用户指向的服务器设置为双栈，即将 DNS 授权服务器中返回给用户 IP 地址所对应的服务器设置为双栈。本例中将负载分担服务器和北方镜像服务器设置成双栈。对于 Web mail 服务器，可通过加入 squid 代理服务器访问。squid 代理服务器升级为双栈，Web mail 服务器无须升级；若不采用 squid 服务器，则全部 Web mail 服务器都需要升级。

具体情况如图 7-15 所示。

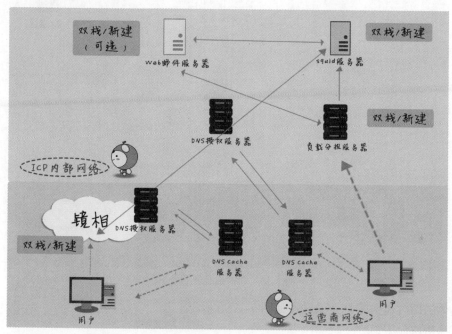

图 7-15　Web 邮件迁移方案

7.5　即时通信应用迁移方案

7.5.1　IPv6 对即时通信应用的影响分析

要了解 IPv6 对即时通信的影响，应先了解即时通信的工作原理。现有的即时通信协议大部分都是私有协议，但总体流程基本一致，如图 7-16 所示。首先是用户登录。当用户登录时，即时通信软件会向其内设的登录服务器发起请求。若该登录服务器不是使用域名而是使用 IP 地址，则当用户是 IPv6 单栈时，会存在服务器无法连接的问题。若登录成功，用户之间的文本交互需要通过另外的接线服务器。该服务器的地址也是内设在即时通信软件中的。可以看到，如果即时通信软件内容的服务器都是以 IP 地址的形式存在的话，当用户终端是 IPv6 单栈时，都会出现服务器连接不上的问题。

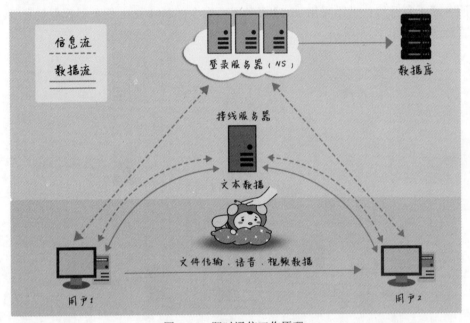

图 7-16　即时通信工作原理

具体的即时通信工具登录过程如图 7-17 所示。

具体情况如下。

首先客户端向服务器发送一个请求登录令牌的数据分组。服务器返回登录令牌。这个令牌是在服务器端生成的，和客户端的 IP 地址、版本信息等数据相关。以后会用这个令牌去进行其他操作。

在客户端得到登录令牌之后，就会向服务器发送一个包含登录信息的登录请求，要求登录。服务器首先会确认客户端的号码、地址和版本是否可以在本服务器上进行登录。

如果可以，就验证客户端的登录信息是否与服务器上保存的登录信息相匹配。匹配的就向客户端返回一个登录成功的数据分组；不匹配则返回登录失败。

因为服务器有很多台，可能要分管不同的即时通信工具版本、IP 地址等信息，所以如果客户端的号码、IP 地址和版本无法在本服务器进行登录，服务器就返回一个重定向分组，让客户端去另外一台服务器登录。

图 7-17 即时通信用户登录过程

从用户登录的过程可以看出，引入 IPv6，除了软件内嵌的服务器采用 IP 地址登录的方式会导致服务器连接失败之外，由于用户地址变成了 IPv6 地址，与用户 IP 地址相关联的令牌如果只能进行 IPv4 地址关联，也会导致认证失败。

另外，对于文件传输以及音频、视频服务，其流程与文本交互对比关系如图 7-18 所示。

当用户登录成功后，开展的业务有文字聊天以及文件传输等。文字聊天全部是 C/S 模式通过服务器中转。文件传输以及音频、视频服务在信令建立过程中是使用 C/S 模式由服务器进行代理的，但是数据传输是采用点到点的模式。引入 IPv6 后，除了会因服务器使用 IPv4 地址而出现服务器连接失败的情况外，尤其关键的是，点到点的文件和音频、视频传输会出现问题。当两端的用户不是使用相同的 IP 协议时，传输会失败。

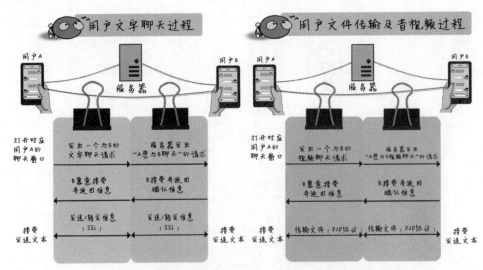

图 7-18　文件传输及音视频服务的流程与文本交互对比关系

7.5.2　即时通信应用迁移方案建议

1. 软件改造迁移方案

软件改造迁移方案如下。

（1）令牌生成程序。用户端登录时，服务器返回给用户登录令牌。这个令牌是在服务器端生成的，和客户端的 IP 地址、版本信息等数据相关。因此程序需要改造识别 128 位的 IPv6 地址。

（2）DB 数据库程序。服务器会根据客户端的号码、IP 地址和版本查询数据库，以确认该用户是否可以在本服务器上进行登录。因此数据库需要改造识别 IPv6 地址，又分成以下两种方案。

方案一：用户采用 IPv4/IPv6 同时登录。

①中转服务器程序：当 IPv6 用户请求与 IPv4 用户建立连接的时候，中转服务器需要根据数据库中的用户数据，返回 IPv4 用户不可达的信息给 IPv6 客户端。

②客户端：收到 IPv4 用户不可达信息之后，可改造使用 IPv4 协议发起连接。

方案二：用户采用 IPv4 或 IPv6 单栈登录。

①中转服务器程序：当用户请求与不同用户建立连接的时候，中转服务器需要根据数据库中的用户数据，返回用户不可达的信息给 IPv6 客户端。

②客户端：若 ICP 建设有协议转换服务器，则 IPv6 客户端通过该协议转换服务器向

IPv4 用户发起新的连接，IPv4 客户端无须改造。若网络中没有协议转换服务器，则客户端无须改造。

2. 系统改造迁移方案

系统改造迁移方案如下。

（1）各类型服务器皆需升级至 IPv6 或者新建。各类型服务器群中初期可以选择一台进行升级。

（2）文本和音频、视频传输都是 P2P 模型，因此初期可先不考虑迁移。

7.6　流媒体应用迁移方案

7.6.1　IPv6 对流媒体的影响分析

当前，流媒体传输应用发展迅速，在互联网上传输流媒体的相关技术成为热点。但是，在互联网上传输流媒体存在着许多困难，其根本原因在于互联网的无连接每包转发机制主要是为突发性数据传输设计的，不适合传输连续媒体流。而且网上信息的交互性，使网络中的信息传输量日益剧增，网络传输的瓶颈问题突出。随着 Internet 用户和应用的不断增加，IPv4 已渐渐暴露出地址空间严重不足、数据传输缺乏质量保证、数据安全性难以保证和对组播功能支持有限等问题。这在一定程度上限制了音视频等流媒体应用的进一步发展。多媒体视频流对数据可靠性要求不高，但是多媒体视频流对网络传输延时和抖动比较敏感。为了在互联网上有效、高质量地传输流媒体数据，除了进一步发展压缩、编解码技术外，还应该考虑流媒体数据的网络传输质量控制、数据分发路径等技术。另外，随着社会各界对知识版权意识的不断增强，安全加密、数字版权管理等也成为互联网发展的重要技术课题。

IPv6 的特性包括：更大的地址空间；严格的继承性编址方式，更加容易实现地址的聚合；简洁的数据报头；提供更好的服务质量；强制安全协议 IPSec；"即插即用"的地址自动配置；更为灵活的组播方式；更好的扩展性。与 IPv4 相比，IPv6 在流媒体传输应用方面的意义主要有以下几点。

- 解决了地址容量问题，优化了地址结构以提高选路效率。
- 更好地支持 QoS。
- 加强了组播功能。

■ 采用必选的 IPSec，可以很好地保证网络的安全性。

从设计原理的角度看，IPv6 和 IPv4 的流媒体传输系统基本一致，都包括视频采集编码、视频压缩转换以及视频发布环节。在流媒体的传输环境中，依据用户和资源的提供方式之间的差异，可以划分为存储流媒体和实时流媒体两种，其中前者由用户驱动对于流媒体的控制，以点播作为主要的形式展开，而后者由流媒体的资源提供方进行驱动，因此用户端只能被动接收，而不能对流媒体进行其他操作，但通常实时特征较强。

7.6.2 流媒体应用迁移方案建议

1. Web 流媒体应用迁移方案建议

Web 流媒体应用指的是在用户没有安装任何插件的情况下通过浏览器访问的视频。对于上传用户和下载用户，要将用户指向的服务器升级为双栈或者新建，即将 DNS 授权服务器中返回给用户 IP 地址所对应的服务器设置为双栈或者新建。设备可以是负载分担服务器，可能是 squid 服务器，也有可能就是 Web 服务器（视各网站具体情况而定）。

因此，在 Web 流媒体应用环境中，对相关应用进行以下调整。

■ ICP 租用或者自建的 CDN 的服务器需升级为双栈或者新建。

■ 采用的协议为 HTTP，无须修改协议。

具体情况如图 7-19 所示。

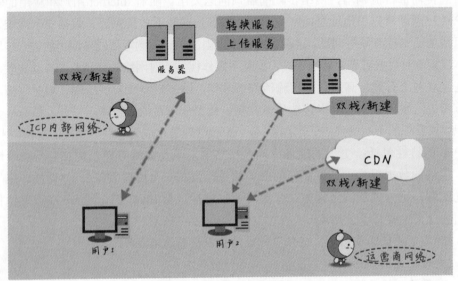

图 7-19　Web 流媒体应用迁移方案

2. 客户端流媒体应用迁移方案建议

客户端视频软件除了通常意义上的客户端软件（如 PPLive）之外，还包括 Web 视频加速插件。通过客户端软件观看视频的时候，包括 C/S（mms、RTP 和 RTCP）和 P2P 两种模式。

- C/S 模式：除了客户端支持双栈之外，要求用户所指向的服务器支持双栈或者新建（在 mms、RTP 以及 RTSP 等标准协议支持 IPv6 的情况下，若采用私有协议，则需要修改私有协议支持 IPv6）。
- P2P 模式：包括加速插件和 P2P、P4P 浏览器（如 PPLive）。除了客户端支持双栈之外，要求 P2P 种子服务器支持双栈或新建，并且可以根据用户 IP 地址类型，返回相同类型的种子地址（例如给 IPv6 用户返回 IPv6 的种子地址）。建议客户端软件改造为具备同时发起 IPv4 和 IPv6 P2P 链接的功能，并可将接收回来的视频块共享给 IPv4 和 IPv6 两个 P2P 链接，如某视频块只有 IPv4 种子而没有 IPv6 的种子，用户通过 IPv4 下载这个视频块；上传时，这个视频块通过 IPv4/IPv6 链接同时上传，这样通过客户端改造可自动地将 IPv4 视频资源分发到 IPv6 平台，以规避 IPv6 初期种子数过少而导致的视频几乎无法下载的情况。

7.7　内容和应用迁移策略建议和小结

随着国家"互联网＋"发展战略的深入进行，各种互联网应用层出不穷。因此，内容和应用的迁移也是一个持续不断的过程。只有制定合理的迁移策略，才能够实现快速迁移速度以及对未来应用的兼容。

从硬件基础设施角度来看，应逐步推进双栈 IDC 的建设。IDC 各类网络设备、服务器等网元基础设备均应支持双栈，具备同时提供 IPv4、IPv6 服务的能力。

从应用软件角度来看，对于与用户直接交互的软件系统，首先升级支持双栈，后台系统升级，支持双栈业务的调度和管理。

而对于新增应用，在建设初期就应考虑对 IPv6 的支持。对于原有应用的升级调整，也应把对 IPv6 支持的需求放在首位。

通过以上措施，内容和应用将逐步实现向下一代互联网迁移，为用户提供更好、更优质的服务。

由于大型 ICP 往往是综合应用服务提供商，改造难度较大，因此，对大型 ICP 而言，首先应将自身直接与用户终端交互的网元设备进行双栈化改造。其次，应用软件升级支持对 IPv6 用户的识别和管理，对于提供的第三方链接等业务，还应提供 IPv6 缓存服务，避免纯 IPv6 用户无法进行访问。

由于小型 ICP 的业务类型比较单一，可根据自身业务运营的实际情况，逐步向 IPv6 进行迁移。过渡部署初期，IPv6 业务量较小，可借助运营商提供的协议转换方案，进行 IPv6 内容和应用服务的迁移。随着 IPv6 用户逐渐增多和业务运营发展，新增应用直接部署到支持双栈协议的 IDC 机房，并保证应用软件支持双栈，同时逐步迁移业务量增长较快的原有应用，使其支持双栈，实现业务向 IPv6 迁移的平稳过渡。

第 8 章

用户端升级改造重点——设备终端

8.1　现状

现网中大部分网络设备及终端已经支持 IPv6，但是仍有相当一部分不支持。

目前 IPv4 地址压力巨大，但是由于部分终端、应用和业务对 IPv6 支持不足，因此 IPv6 的推进过程将会比较漫长。恰恰是这些终端、应用等对 IPv6 的支持情况对于目前推进 IPv6 的普及有着至关重要的作用。

目前在移动终端方面国家尚无强制硬性规划，这直接或间接地影响了 IPv6 的发展进程。移动终端的技术要求和行业标准并未出台，同时移动终端入网对于 IPv6 支持情况并不理想，导致目前支持 IPv6 的终端少之又少。

分析原因不难得出，IPv6 终端推进速度慢的一个重要原因是市场需求不足。在当前三大运营商对 IPv6 支持情况不明朗的情况下，终端企业即使研发出 IPv6 的产品也毫无用武之地。虽然如此，可喜的是，随着中国电信等巨头逐渐发布 IPv6 的商用计划，一些企业推出了自己的 IPv6 发展计划及终端 DEMO 产品，这从侧面有力地推动了 IPv6 的终端发展进度。

8.2　固网终端

对于现有网络，运营商复杂的接入环境决定了 IPv6 演进将是一个长期复杂的过程，也就是说在相当长一部分时间内 IPv4 与 IPv6 并存，地址复用机制将服役于整个过渡过程甚至更长时间。

8.2.1　IPv6 对固网终端的技术要求

对于桥接型 CPE，对 IPv6 无额外要求，以下要求都是针对路由型 CPE 的。

1. IPv6 接入的模式

1）IPv6 over PPP 方式

家庭网关支持 IPv6 PPP 拨号，通过路由方式为用户设备提供连接性。家庭网关工作在桥接模式下，每一个终端或主机发起各自的 PPPv6 拨号连接。

2）IPv6 over Ethernet

家庭网关通过 IPoE 方式支持 IPv6 协议，为家庭网关获得地址及配置。

2. IPv6 接入的地址类型

1）IPv6 的地址类型（IETF RFC4291）

IPv6 的地址类型包括：单播地址、任播地址、多播地址。

2）单播地址类型

IPv6 节点通信至少需要一个单播地址，单播地址类型及示例如下。

链路本地地址：link-local FE80::/10。

唯一本地地址：unique-local FC00::17。

全局单播地址（GUA）。

3）多播地址

（1）基础 ND 协议使用所有节点多播地址 FF02::1。

（2）Solicited-node 多播地址为 FFO2:0:0:0:0:1:FF+ 接口 ID 后 24 位。

3. IPv6 地址分配方式

IPv6 的地址分配方式主要有手动配置、算法生成、用于分配地址前缀的 DHCP-PD、有状态的 DHCPv6 协议、无状态的地址自动配置。

4. DHCPv6-PD 过程

DHCPv6-PD 过程如下。

（1）BNG 作为指定路由器（DR），家庭网关作为申请路由器（RR）。

（2）家庭网关发出带有 IA_PD 的 DHCPv6 消息。

（3）BNG 为不同用户、线路的家庭网关分配不同的前缀。

（4）不同用户线路决不能分配相同的地址前缀。

（5）BNG 分配的地址前缀最大为 /64，推荐为 /56。

（6）家庭网关再从其中提取 /64 的地址前缀分配给不同的 LAN 侧网段。

具体的过程如图 8-1 所示。

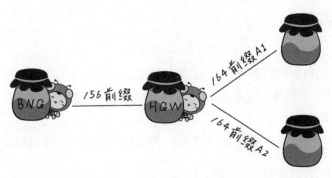

图 8-1　DHCPv6-PD 过程

5. DHCPv6 过程

DHCPv6 过程如下。

（1）BNG 根据地址分配策略分配 128 位的 IPv6 地址给 DHCPv6 客户端。

（2）通过选项进行配置。

具体过程如图 8-2 所示。

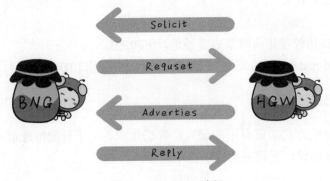

图 8-2　DHCPv6 过程

6. SLAAC 过程

SLAAC 过程如下。

（1）由家庭网关自身的接口标识和路由器通告信息共同组成主机的 IPv6 地址。

（2）路由通告（RA）信息的前缀信息，最多不要超过 64 位。

（3）接口标识根据一定规则生成，在子网内部具有唯一性。

（4）根据 48 位的 MAC 地址生成 64 位的接口 ID。

具体过程如图 8-3 所示。

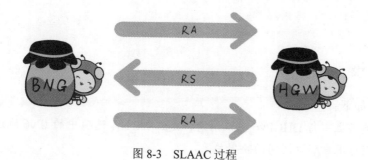

图 8-3 SLAAC 过程

7. PPP 的地址分配过程

PPP 的地址分配过程如下。

（1）IPv6 的网络控制协议 IPv6CP 仅定义了 Interface-ID 的配置选项，生成该条线路的链路本地地址。

（2）通过 PPP 分配 IPv6 的 GUA 过程建议如下。

- 通过 PPP 获得的 64 位的接口 ID 和通过 ND 协议获取的 64 位前缀组成 IPv6 地址，通过 ND 协议扩展选项分配 DNS 等信息。
- 通过 PPP 获得 64 位的接口 ID，通过 ND 协议获取 64 位前缀，组成 IPv6 地址，通过 DHCPv6 分配 DNS 等信息。
- 通过 PPP 获得 64 位的接口 ID，生成 link_local 地址，GUA 通过 DHCPv6 或 DHCPv6-PD 生成。
- 通过扩展 IPv6CP 配置选项直接分配 128 位地址、DNS 信息。

8. VLAN 和 QoS 要求

（1）支持根据以太网网帧类型划分不同 VLAN 的能力。

- IPv6oE   0x86DD
- PPPoE   0x8863 或 0x8864
- IPv4oE   0x0800
- ARP   0x0806

（2）对上行流依据 IPv6 的特性进行分类或优先级标识。

- IPv6 源地址；
- IPv6 目的地址；
- IPv6 Traffic Class；
- IPv6 的 Flow Label；

- 协议类型；
- 端口。

9. 安全要求

安全要求如下。

- 支持侦听上下行 DHCPv6 协议消息，建立 IA_NA 选项中的 IPv6 地址和 IA_PD 中的前缀与用户端口之间的映射关系。
- 支持侦听下行 RA 消息，并建立地址前缀与用户端口的映射关系。
- 支持映射表的老化处理。
- 支持侦听用户上行的重复地址检测分组 DAD，建立 IPv6 地址与用户端口的映射关系。
- 限制 IPv6 的接入用户数目，限制使用的地址范围。
- 分组过滤和转发。

10. 邻居发现（ND）过程的支持

邻居发现（ND）过程的支持如下。

- 路由器请求（RS）。
- 路由通告（RA）。
- 邻居请求（NS）。
- 邻居通告（NA）。

11. 端口定位

端口定位的要求如下。

- LDRA 功能要求支持 option 18（Interface-ID）的插入，用于标识用户线路。
- LDRA 功能要求支持 option37（Remote-ID）的插入，用于标识用户线路上的其他属性。
- LDRA 功能要求支持 option17（Vendor-specific information）的插入。
- LDRA 功能具备基于 VLAN 的进行开启和关闭的能力。

12. 内置的 IPv6 主机支持

内置的 IPv6 主机支持如下。

- 用于支持 IPv6 的 TR-069 管理。

■ 用于提供一些主机业务。
■ 用于支持 IPv6 的 VoIP。

13. IPv6 多播

IPv6 多播如下。
■ 支持 MLDv1/v2 的多播数据流的转发，支持多播管理协议的 MIB。
■ 支持 MLD Snooping 的透明功能和代理功能。
■ 支持其他多播数据流的处理功能，如加入、跳数限制、复制等。

14. 管理功能的要求

管理功能的要求如下。
■ 支持基于 IPv6 的管理网络。
■ 支持相关 IPv6 参数的配置管理。

8.2.2　过渡技术的演进策略

由于 IPv6 地址数量庞大，因此 IPv6 是替代 IPv4 地址数量有限的最终解决方案。其中，IPv6 的过渡，按照双栈引入、DS-Lite 逐步切换、6RD 局部补充的步骤依次进行。

1. 双栈方案是 IPv6 试点初期的必然方案

双栈技术是指从用户侧到接入网同时支持 IPv4 和 IPv6 协议栈。当和 IPv4 节点通信时需要采用 IPv4 协议栈，当和 IPv6 节点通信时需要采用 IPv6 协议栈。

由于过渡技术的必然性，处于双栈阶段，运营商的重要工作不仅是对网络设备的升级，而且必须包括对 ICP 业务的牵引工作，因此，建议在考虑用户侧的同时，逐步迁移 ICP 到 IPv6，或者为 ICP 准备部分 IPv4、IPv6 双栈接入地址以满足不同网络客户的访问需求，这样在早期往往可以更容易地吸引客户使用 IPv6 访问网络，为 IPv6 业务铺路。

双栈技术虽然暂时可以解决 IPv4 与 IPv6 的互通问题，但是并不能减少 IPv4 地址的损耗，而只是相对较少地损耗 IPv4 公网 IP 地址，随着应用增加，运营商侧的 IPv4 地址不够实用的问题仍然凸显，如果长期发展下去，那么 IPv4 和 IPv6 共存的时间将会无限期延长。

如果终端运行双栈技术，那么 IPv4 和 IPv6 将在上游接入网运行在不同 VLAN 中，终端可按照端口不同，区别 IPv4/IPv6 数据流；终端也可以使用桥接技术简化 IPv6 实现难度。接入网在 IPv4/IPv6 下提供一致转发，相比之下，IPv6 VLAN 下的管理能力更为重要。

2. DS-Lite 方案具有较强的生命力

双栈方案并不能解决 IPv4 即将耗尽的问题，解决地址耗尽只能靠复用 IP 地址。传统的 NAT44 方式只能是业务长期固守 IPv4 上，时间一长还是会碰到地址耗尽和迁移到 IPv6 的问题。

DS-Lite 是 4over6 隧道 + NAT44 的组合技术。双栈主机采用 IPv6/IPv4 地址和 IPv6/IPv4 节点进行通信。其中，终端对 IPv6 流简单路由转发，对于 IPv4 流以与 CGN 之间的 4over6 隧道方式承载。CGN 设备将 IPv4 报文剥离，通过 NAT44 技术转换成公网地址访问 IPv4 节点。

DS-Lite 方案比较巧妙地结合了 NAT44 和 IPv6 双栈这两种思路。考虑到 IPv4 与 IPv6 会在相当长的时间共存，主机以 IPv4 单栈和 IPv4/IPv6 双栈为主的实际情况，DS-Lite 采用 NAT44 方式进行了 IPv4 传统业务的访问。而同时网络逐步进行 IPv6 化改造，这样网络升级与传统业务的支持就完全独立开，运营商可以直接升级其业务网络。对于一个产业链，各个节点都需要升级的演进过程，这一点非常重要。在 DS-Lite 的建设过程中，运营商升级网络（包括城域网、接入网）到支持 IPv6（或者 IPv4/IPv6 双栈），发放支持 DS-Lite 的 RG。虽然先期投入较大，但整个网络平滑演进。另外，DS-Lite 的 RG 发放，可以与运营商现有家庭网关的发放工作结合起来。

ICP 的建设需要保持双栈的思路。这不仅是业务迁移的需要，同时也是 DS-Lite 实现业务所必需的。DS-Lite 并不提供 IPv4 单栈主机对 IPv6 服务器访问的支持，所以对开展在 IPv6 网络中的新业务，还必须提供 IPv4 的访问机制。也就是说，业务系统及其所在网络必须支持双栈，分别对来自 IPv4 和 IPv6 的主机服务。但这点对目前的运营商网络并不是太大问题，只是会增加业务系统的复杂度。

在该阶段，运营商网络将一步切换到 IPv6，将 IPv4 的流量逐步吸收。支持 IPv4 单栈的计算机访问 IPv4 网络，DS-Lite 终端与 DS-Lite 网关配合实现单播业务 IPv4 over IPv6。接入网感知 IPv6 流量，提供 IPv6 单播。IPv6 地址由 BNG 分配，IPv4 地址由 RG 分配私网地址。多播业务可切换到 IPv6，或者保留在原来的 IPv4 VLAN 中。终端支持 IPv6 DS-Lite、IPv6 路由功能。

8.3 PC 操作系统和客户端

目前，各种常见的操作系统对 IPv6 的基本功能有不同程度的支持。微软公司从 Windows XP 开始已经可以支持 IPv6 协议栈的基本功能，Windows 7 和 Windows Server

2016 对 IPv6 的支持相对于之前的 Windows XP 系列有了较大的提升。从 Windows Vista 开始，操作系统就默认安装并开启 IPv6 协议栈，而且支持通过图形化用户界面对 IPv6 协议栈的网络参数进行配置。同时，Windows 7 系列还支持 DHCPv6 动态自动配置，使得 IPv6 的部署更加灵活。

对于名称解析功能，Windows XP 系列在双栈情况下默认通过 IPv4 的 DNS 服务器进行域名解析，而且不支持 LLMNR 和 ipv6.literal.net 域名。

IPv6 的连接能力是直接影响到 IPv6 普及的重要因素。Windows 7 提供了官方的 PPPoE 拨号程序，使得 Windows 7 系列将会在 IPv6 环境下更加稳定。

基于开放源码的 Linux 对 IPv6 提供了比较强的支持。Linux 内核中大多数 IPv6 功能都是来自于 USAGI 项目（Universal playground for IPv6），在内核中实现的都是 USAGI 的核心功能。Linux 的基础系统中集成了一个支持 IPv6 的 PPP 服务以提供基本的 IPv6 功能。

8.4　手机终端

手机终端对 IPv6 的支持依赖于采用的主芯片平台，对于 CDMA 终端产品来说，主要的芯片平台有两个：一个是高通平台；另一个是威盛平台，其中高通平台占绝对主流的份额。

高通主流平台对 IPv6 的支持进度如图 8-4 所示，后续新的平台基本上都支持了 IPv6，可以配合电信运营商网络进行相应的测试和商用。威盛公司的 EVDO 芯片 CBP7.X 支持 IPv6/IPv4 双栈，CBP7.X 已经商用。

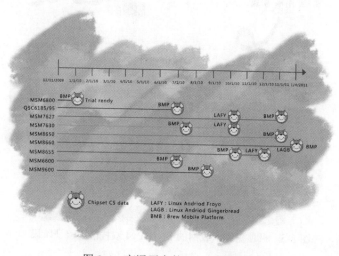

图 8-4　高通平台的 IPv6 支持情况

IPv6 在智能和非智能手机终端的支持要求是不一样的。

对于智能终端，初期可以采用 Relay 模式来支持 IPv6/IPv4 双栈。智能手机终端需要提供支持 IPv6 和 IPv4 双栈拨号的驱动程序。智能手机终端所使用的操作系统需要支持 IPv6/IPv4 双栈。逐步推进智能手机终端支持 QoS 功能。后期智能手机终端逐步采用 AT 增强模式来支持 IPv6/IPv4 双栈。

非智能手机终端用作 Modem 时，需要提供支持 IPv6 和 IPv4 双栈拨号的驱动程序。

8.5　IPTV 机顶盒

中兴 IPTV 机顶盒由 IPv4 向 IPv6 演进大致分为以下 3 个阶段。

第一阶段：机顶盒和承载网的 IPv6/IPv4 双栈能力验证阶段。

该阶段要求承载网支持 IPv6 多播。机顶盒支持 IPv6/IPv4 双栈，并支持 IPv6 多播业务管理平台，支持 IPv6 地址的管理，能力平台支持 IPv6 多播。相关的验证工作在实验网上进行。在该阶段，机顶盒的主要工作在于支持 IPv6 多播，如图 8-5 所示。

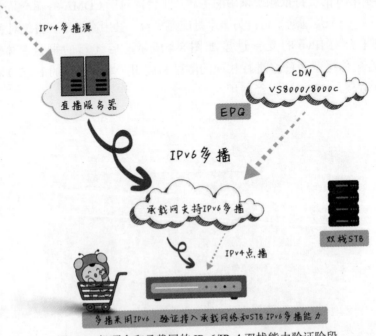

图 8-5　机顶盒和承载网的 IPv6/IPv4 双栈能力验证阶段

第二阶段：IPv6/IPv4 兼容阶段。

该阶段在第一阶段的基础上，通过软件升级，IPTV 中的各个网元全面支持 IPv6/IPv4 双栈。机顶盒除了支持 IPv6 多播外，其与 IPTV 系统的不同网元之间的通信也要求支持 IPv6，具体来说主要包括：机顶盒和认证管理平台，机顶盒和 CDN，机顶盒和 EPG，机顶盒和第三方增值业务平台，机顶盒和网管等。另外，还包括机顶盒和 NTP 服务器，机顶盒本地的配置管理工具等。

第三阶段：全网支持 IPv6 阶段。

当机顶盒配置成纯 IPv6 工作模式时，机顶盒和 IPTV 系统中的各个网元使用纯 IPv6 的方式进行通信。当机顶盒工作于这种模式时，要求整个 IPTV 系统的各个网元已经全面支持 IPv6。

8.6 终端演进策略和建议

8.6.1 固网终端演进策略

IPv6 部署中，端、管、云三端有着天然的互动关系。电信运营中的 IT 支撑系统、业务网的 IPv6 化，也对固网终端有一定的要求，如 IMS 系统支撑的语音业务、IPTV 系统支撑的视频业务、ITMS 系统支撑的网管业务。

现网中的不同业务，分步演进，互不影响，如图 8-6 所示。现网中，接入终端通过不同的通道（PVC、VLAN）来承载不同业务。在双栈时代，业务平面可以独立在各自的 IPv4 或者 IPv6 网络中。由双栈迁移到 DS-Lite 后各业务执行情况如下。

（1）HSI 业务由双栈变成 IPv6 单栈，但涉及 IPv4 连接会跑在隧道中。

（2）IPTV 业务可保持 IPv4 流量不迁移，待系统支持 IPv6 后，升级 IPTV VLAN 到 IPv6。

（3）VoIP 业务可保持 IPv4 流量不迁移，待部署支持 IPv6 的 SBC 后，升级 VoIP VLAN 到 IPv6。

（4）ITMS 业务初期网管系统不改变现有 IPv4 网管体系，通过系统升级的方式实现对 IPv6 设备管理；后续升级改造现有网管系统管理功能，包括拓扑管理、故障管理、告警管理，支持 IPv6 标准 MIB 库和厂商的私有 MIB 库，实现对 IPv6 设备的管理。

对于运营支撑 IT 系统，为打造端到端无感知，对固网终端可以通过增加 IPv6 自动化工单，升级 CPE、ONU 等终端版本，增加 IPv6 属性，支持双栈、DS-Lite 标识业务等方法实现。

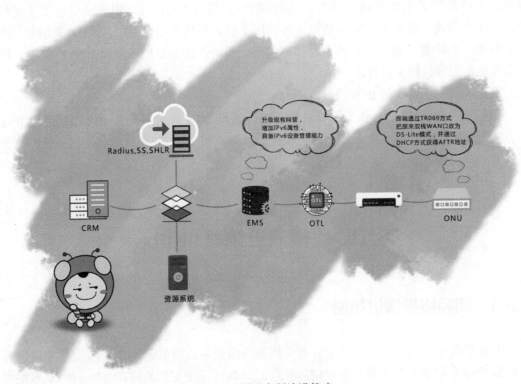

图 8-6　固网中断演进策略

8.6.2　移动终端演进策略

目前，受 IPv6 应用推动不足及自身条件所限，移动终端对 IPv6 的支持现状较差，移动终端成为 IPv6 技术发展及推广的主要瓶颈之一。

为推动移动终端对 IPv6 的支持，需要在移动终端的基带芯片（Modem 解析方案）中实现对 IPv6 的支持。目前有少量终端已经完成相关开发工作，例如，Motorola 在 2012 年 7 月推出的 Android 手机 XT889 已经宣称支持 IPv6 功能。同时，一些研究单位也提出了一种不依赖基带芯片支持 IPv6 的方案（Modem 透传方案），例如中国电信北京研究院通过研究和实验，在 XT800、ME811 和 1909 等移动终端上完成了方案开发和实现，推动中国电信 3G 移动智能终端率先实现了 IPv6 技术。

尽管移动终端在技术上已经有了 IPv6 方案，但要实现向大规模商用的过渡，还需要很长一段路要走。最有效的办法是在移动终端入网时强制要求支持 IPv6 功能，扭转当前 IPv6 手机终端缺乏的局面。在手机的 IPv6 实现方式上，厂家的手机可以在依赖于芯片和不依赖于芯片两种方式中选择一种，但均以支持 IPv6 为基本要求。

当前中国的移动网络处在 4G 时代，在 IPv4 应用仍然占据主导地位的情况下，初期移动终端仍应以双栈方式为主，IPv4 地址不足的问题可考虑在网络侧通过地址复用技术来解决。在终端支持 IPv6 的同时，积极部署 IPv6 移动终端上的 IPv6 代表性应用和业务，推动 IPv6 移动终端的推广和普及，加速 IPv6 技术的发展。

未来几年内，第四代移动网络将在中国逐步部署实施。而 4G 移动网络和终端天然支持 IPv6，伴随着移动网络 4G 时代的来临，移动终端对 IPv6 的支持将向前迈进一大步。而且在 IPv6 应用广泛的情况下，可考虑移动终端逐步关闭 IPv4 协议栈，以实现移动终端向下一代互联网的最终过渡。

第 9 章

IPv6 全球成功案例

9.1　印度运营商后起之秀 Reliance Jio

作为印度第一家 LTE、全 IP 移动网络的公司，Reliance Jio 在 2016 年 9 月才正式投入商业运营。2016 年 9 月也是印度 IPv6 部署的里程碑式的一年。截至 2017 年 2 月，Reliance Jio 的 LTE 4G 用户中将近 90% 使用 IPv6——占全国 IPv6 流量的近 70%，如图 9-1 所示。

图 9-1　Reliance Jio 的 IPv6 使用率的增加与印度总体 IPv6 使用率的相似增加相对应

到底是什么造就了这样的奇迹？下面来具体了解一下这个故事。此前《野蛮人如何"毁掉"电信业？》一文曾提到："这可能是全球电信市场最悲壮、最发人深省的故事，没有之一。"的确，Jio 的大举进攻带来印度电信市场的动荡，但是不能否认其弯道超车在一定程度上加快了印度电信市场的革新，促进了电信业发展。

电信行业的准入门槛一般比较高，主要是因为该行业开展的是资源性业务，一般需要上升到国家层面，获得政府批准，才能开展相应业务，而且运营商的这种业务建设周期非常长，投资规模巨大。

2016 年印度首富名下信实工业集团旗下的电信运营企业 Jio 投巨资全面开展 IPv6 业务，该首富对 IPv6 的看重主要是因为他看到运营商的业务将从传统的语音服务转向数据服务。而这个时候传统电信运营商还在想着扩大语音业务，但是该首富抓住了互联网从语音到数据的风口，投资 320 亿美元直接越过 2G 和 3G 网络建设，进行 4G 网络建设。在 4G 网络建设过程中，由于互联网，特别是移动互联网的发展需要用到 IPv6 这种网络技术。

印度的人口数量仅次于中国，手机用户非常多，虽然表面上看，印度的手机用户的数量已经接近饱和，但实际上智能手机的普及程度还比较低。

随着数据业务的开展，随之而来的就是智能手机的普及。在刚起步的时候，为了快速发展用户，Jio 采用了连续几个月免费使用的方式，后来为了进一步扩大市场，又延长了这一免费政策。它的免费措施力度非常大，上网和通话全部免费。

通过这种疯狂的市场扩张方式，Jio 仅仅用了半年的时间就发展了一亿多客户，这种客户的发展速度已经远远超出传统电信运营商的常规发展速度，甚至超过绝大多数互联网企业。

通过这种疯狂的扩张以后，Jio 又采用了一个相对比较低价的收费方式，以会员的方式继续发展用户。用户只需要支付 99 卢比，相当于不到 10 元人民币就可以成为会员，会员在未来一年，每个月只需要支付 303 卢比，大概是 30 元人民币，就可以继续享受不限量的语音服务和每个月 28GB 的流量，当然每天限量 1GB，流量超出的部分限速。

整个免费期结束以后，并没有出现大规模用户退网的情况。由于越过了 2G 和 3G 网络，直接提供 4G 服务，用户体验越来越好，服务质量也越来越高，在今天看来，Jio 的退网率比其他电信运营商还要低。

Jio 这种疯狂的市场扩张极大地影响了印度的其他移动运营商，特别是小型运营商。之前印度还有几家规模较小的运营商，由于网络服务能力非常有限，主要靠低价的方式才能生存，但是在 Jio 这种疯狂的扩张过程中，这些小型运营商几乎全部死掉。为了应对低价政策，一些比较大型的运营商也被迫进行降价，市场收入锐减。2016 年 11 月，在印度市场排名第二的运营商市场收入累计缩减了 50 亿欧元。

2016 年年初，印度电信运营商排名前三的市场占有率分别为 24%、19% 和 17%，其余 40% 由剩下的十几家小型运营商瓜分。由于印度的电信资费比较低，而且超过 90% 的用户采用预付费的方式，每月每个用户使用费只有 2.3 美元，在这种情况下，Jio 还要采用这种免费或者是低价的方式，通过建设 4G 网络来增强其运营能力，其主要目的还是想做互联网。Jio 在建 4G 网络的初始阶段瞄准的就不是语音业务而是数据业务，中国移动互联网的成功模式，对印度企业的启发性很大。以 BAT 为代表的企业把美国主宰的数字经济撕开了一个口子，印度和中国一样，有人口红利，因此该国企业创新性地参考 BAT 的模式，通过自建网络和免费的政策快速集聚了一批互联网用户，与此同时，以自建或者收购的方式，经营了十几个移动互联网业务。Jio 的这些互联网服务里面有基础通信类的网络电话、云计算、手机营业厅，也有新闻音视频等内容服务，还有即时通信和手机支付，基本上覆盖了类似于 BAT 所有的移动互联网的热门服务。通过免费政策迅速占领市场，并且快速发展的互联网模式被 Jio 发挥得淋漓尽致。在视频业务上，由于视频对带宽的高要求，4G 网络使用率非常高，再看通信市场，由于对整个电信运营商市场造成冲击，迫使其他电信运营商进行 4G 网络建设，这也对印度的整个互联网环境造成了巨大的影响，其他的移动互联网企业纷纷跟随 Jio 加入这个市场。Jio 的一位高管在接受采访的时候是这样描绘的：Jio 的未来战略是要做印度的谷歌，内容最重要，但是如果只做手机 APP 的开发一定行不通，所以需要电信业务和广泛的客户作为支撑。

得益于这家公司，印度的 IPv6 地址渗透率从 2016 年的 1.66%，仅用两年时间，IPv6 地址渗透率已超过美国位居全球第二位，达到 56%，仅次于荷兰。

9.2　澳大利亚运营商 Telstra 的 5 年计划

Telstra 建设和运营电信网络，电话语音，移动电话，网际网路接入，付费电视和其他娱乐产品和服务。Telstra 的历史可以追溯到 1901 年，在 1995 年公司正式更名为 Telstra。1997 年 10 月澳大利亚政府通过向机构投资者和个人投资者出售 49.9% 的股权，对该公司实行部分私有化，1999 年再次将 Telstra 16.6% 的股权售出，2006 年澳大利亚政府将其持有的股份全部出售，Telstra 成功私有化。Telstra 的市场资本在世界电信业位列第 11，是澳大利亚、新西兰和纽约股市的著名上市公司。Telstra 名列全球 500 强企业，也是亚太地区最具实力的电信运营商之一。许多来自欧洲和美国的跨国公司都向 Telstra 寻求通信解决方案，用于它们的国际运营。凭借 Telstra 与不同的企业和政府建立的合作伙伴关系，以及与二百五十多个全球 ISP 之间的同盟和协定，Telstra 拥有提供无缝通信服务所需要的关系和世界范围的技术与服务支援。澳洲电信公司 Telstra 在 IPv6 通信协定推动的策略与目前世界各国 ISP 一样都采取双协议栈的方式（Dual-stack），也就是允许 IPv4 及 IPv6 位址共存，而且从 2011 年 Telstra 即提供企业用户及政府机关使用 IPv6 通信协定，并在 2016 年 9 月也开始提供部分移动设备使用 IPv6。Telstra 为了推动 IPv6，于 2011 年 9 月出版 *IPv4 to IPv6 Transition White Paper*。Telstra 采取渐进式的转换策略，减小对用户的影响，并提供必要的协助。整个 IPv6 的生态系统包括 CPE, modems/home gateways, networks, systems（OSS/BSS, tools），content and applications 全部支持 IPv6。Telstra 也配合及满足澳洲主管 IPv6 推动机构 AGIMO（Australian Government Information Management Office）所规划的 IPv6 推动期程进行：

Preparation （2008 年 1 月—2009 年 12 月）

Transition （2010 年 1 月—2011 年 12 月）

Implementation （2012 年 1 月—2012 年 12 月）

目前显示的 IPv6 Capable 的比率为 31.17%，IPv6 Preferred 的比率为 29.96%。Telstra 同时为全球客户提供各类服务，包括创新型技术、能力和人才。Telstra 不仅在澳洲拥有傲人的发展历史，同时拥有全球长期业务，亚太地区是他们重点发展和关注的区域。目前在澳洲之外的 20 个国家中拥有 3500 名员工，为成千上万家企业和政府机构客户提供各类服务。在亚太地区建立了世界上最大的海底电缆网络之一，用独特且多样的基础设施让客户获取到最深入亚洲的发掘能力以及在亚太地区最大的海底电缆系统，该网络在支撑亚太的数字经济中扮演着至关重要的角色，满足了全世界各地批发客户和企业客户的需求。Telstra 向企业和政府客户提供创新型技术解决方案，包括资料、IP 网络和网络应用服务，包括托管网络、统一通信、云运算、产业解决方案和综合通信服务。这些服务以 Telstra 的海底电缆网络为支撑，取得了在亚洲、欧洲和美洲的运营牌照，拥有全球二百多个国家和地区的超过 2000 个接入点（PoP）。Telstra 网络现在已经延伸超过 400 000km，业务足迹遍布世界各地，服务欧洲、北美、非洲和整个亚太地区的企业、政府和批发客户。澳洲在 IPv6 的推动及发展不算很快，目前在 Akami 网站上显示的 IPv6 Adoption Visualization 排名为第 26，比率为 4.6%。

9.3 T-Mobile 的 IPv6 先驱之路

T-Mobile 是一家国际性电信公司，是德国电信的下属公司，属于 Freemove 联盟。T-Mobile 在西欧和美国营运 GSM 网络，同时通过金融手段参与东欧和东南亚的网络营运。该公司用户数达到 1.09 亿，是世界上最大的移动电话公司之一。T-Mobile 前身是

VoiceStream（已收购无线营运商 PowerTel、Aerial 和 Omnipoint）。德国电信在 2001 年 5 月以 240 亿美元收购 VoiceStream，总部设在华盛顿 Bellevue。T-Mobile 是美国市场上排名第三的电信营运商，也是继 Verizon Wireless 之后用户数量超过 160 万的第二大成长最快的公司，每季度平均增长 100 万用户。它也是唯一一家在欧洲和美国使用统一品牌的移动电话公司。通过国际漫游协定连接到德国电信并与其他 GSM 网络兼容，T-Mobile 比任何一家美国无线营运商提供更多的全球范围内的覆盖面积。2004 年，T-Mobile 被授予了 J. D. Power 和 Associates 的几个奖项，包括"2004 无线用户服务最高评价奖"和"2004 无线零售服务海外用户最满意奖"。与 AT&T 不同，T-Mobile 专注于移动网络上的用户，而 AT&T 同时经营固网。然而随着无线通信蓬勃发展，无线通信设备的用户日益增加，无线通信网络对于 IPv6 的支持将影响整体 IPv6 连接的状况。

要了解 T-Mobile 部署 IPv6 的现况，可以从该公司于 2017 NA IPv6 Summit 所做的报告来看。首先看其体量状况。根据 T-Mobile 官方所做的统计（其中数据是根据 worldipv6lanchorg 统计），T-Mobile 从 2013 年开始部署 IPv6。从 2014 年的 16% 一直到 2017 年 4 月的 84%。由此可见，T-Mobile 在部署 IPv6 这短短几年有非常大的进展。

根据 T-Mobile 在 2017 NA IPv6 Summit 所做的报告以及 *Case Study: T-Mobile US Goes IPv6-only Using 464XLAT* 这篇网络上的文章来看，T-Mobile 应该使用了 464XLAT 技术。464XLAT 技术是一种基于 NAT64 与 DNS64 的转址技术。通过该技术，让 T-Mobile 的 IPv6 部署在短短几年内超过 80%。

9.4　马来西亚电信

作为一个小国家，马来西亚走在了国际前列。2012 年，马来西亚政府宣布要在该年年底之前所有网络全部使用 IPv6 网络。当时，马来西亚的一部分政府机构已经采用了 IPv6 网络，而一些没有采用 IPv6 网络的行业仍旧采用 IPv4 网络，政府、企业和 IPv6 网络之间存在一些互联互通的问题。

由于马来西亚政府的强力推进，促使这些行业的企业、政府机构转换采用 IPv6 网络。受限 IPv4 资源的枯竭，同时马来西亚政府也希望全球各个国家、各个行业转换到这个新的互联网协议上。他们分析，虽然很多企业会基于成本的考虑，不怎么愿意从 IPv4 网络切换到 IPv6 网络，这是他们的战略失误，他们只看到了眼前利益，没有看到未来巨大的市场空间，过于强调成本，而没有看到未来的机会。亚太地区 IPv6 工作小组主席对马来西亚政府强行推广 IPv6 网络的工作表示了肯定，并将其作为全球 IPv6 网络切换的典范。通过马来西亚国家先进 IPv6 研发中心，马来西亚理工大学在全球的 IPv6 工程师的培养上发挥了非常重要的作用。马来西亚国家先进研发中心主任表示，到目前为止，3000 多名工程师进行了 IPv6 相关知识的培训，其中 1/3 是马来西亚人。

9.5　LinkedIn

　　LinkedIn（领英）是全球职业社交网站，其全球会员人数已突破 5 亿。而 2016 年，LinkedIn 以一种特别的方式纪念了一年一度的世界 IPv6 日。其实从 2014 年起，LinkedIn 网站一直面向公众提供 IPv6。不过这一次，他们将公司的内网也升级到 IPv6 了。

　　经过数月努力，他们忙于在自己的数据中心内启用 IPv6，设计了全新的体系结构，并在网络、系统、工具等方面做好充分的准备，最终于 6 月 6 日在一个过渡（Staging）环境中成功启用了 IPv6。此番举措是在所有数据中心内实现全功能 IPv4/IPv6 双堆栈的一个重要里程碑，在顺利实现这一目标后，下一步将彻底弃用 IPv4。LinkedIn 内部成立了由"IPv4 处理专家"组成的"AAAA 团队"。这是一个很棒的技术项目，他们也希望能有更多的数据中心迁移至 IPv6，这样才能顺利解决妨碍数据中心和云环境全面采用 IPv6 的问题。《LinkedIn 从 IPv4 迁移到 IPv6》是该团队撰写的一系列文章。

9.6　Uber

　　自 2009 年 3 月上线至今，Uber 一直坚持自己的使命，致力于让每个人随时随地享受可靠的交通服务。2014 年年初，Uber 已落地 100 个城市；在 2016 年年初，Uber 已经遍及全球超过 400 个城市，提供多元化的交通运输服务。随着 Uber 将服务扩展至更多城市，Uber 需要确保网络架构能应对 Uber 服务的覆盖面，然而在 IP 协议方面却遇到一些挑战。Uber 那时的基础架构建于 Internet 协议版本 4（IPv4）地址标准的基础之上，包含多个数据中心，使用了少量网络入网点（POP）和云服务。然而 Uber 的成长速度远远超出了 IPv4 的承载能力，为了更好地支持业务扩展，Uber 的基础架构必须跟上用户增速的步伐，必须使用下一代互联网——IPv6。

根据互联网协会（ISOC）的介绍，IPv4 总共 43 亿个地址已于 2011 年 2 月全部耗尽。IPv4 地址总数超过 40 亿个，远远比不上全球移动设备总数。再考虑到物联网（IoT）设备的飞速增长等因素，Uber 很快发现自己开始面临 IP 地址"饥荒"。互联网协会在 2011 年进行的全球 IPv6 使用情况调查发现，自从 2012 年起，全球主要 ISP 运营商，尤其是美国的运营商在部署 IPv6 方面开始加快步伐，例如，Verizon Wireless IPv6 部署率已达到 84.36%。调查还发现，整个互联网上的 IPv6 流量正在稳步增加。2017 年 4 月，Google 称其用户中使用 IPv6 的比例已达 16%；类似地，Web 信息公司 Alexa 称，截至 2017 年 3 月 8 日，在全球排名前 1000 位的网站中，20% 的用户正在使用 IPv6。截至 2016 年，Uber 为了满足对用户容量的需求，建立起自己的数据中心，运维着数万台服务器，整个网络共承载了超过 800 万个 IPv4 地址，并且建立了几个网络 POP 点，甚至将其扩展至云中，但仍无法满足用户数量持续激增的需要。

随着 2017 年来用户数量持续激增，IPv6 部署已开始成为 Uber 后续扩展过程中的关键一环。对 Uber 来说，为了维持大规模架构的可靠性，在整个网络中部署 IPv6 主要有以下三个原因。

原因 1：IPv6 提供更"慷慨"的 IP 分配。

Internet 协议版本 6（IPv6）是目前最新版的 IP 地址标准，可容纳超过 10^{36} 个地址，这一数量已经远远超过目前全球所有用户，当然也包括 Uber 自己对 IP 地址的需求。

原因 2：IPv4 资源紧缺。

Uber 现有的 10.0.0.0/8 IPv4 子网中已经有超过 50% 的地址被用于内部用途。如果不过渡至 IPv6，Uber 的地址空间很快就会耗尽。

原因 3：IPv4 IP 地址重叠。

按照传统，Uber 的网络中为自己的资源定义了自己的 IP 地址。当 Uber 与其他公司合并时，不同机构的两个内部网络中会出现一些重叠的 IPv4 地址。

经过全面研究、测量以及其他分析后，Uber 意识到为了支持 IPv6 部署，除了需要网络架构和软件支持以外，更加需要运营商的支持。

9.7　科罗拉多大学

位于丹佛的科罗拉多大学主要有两个校区：科罗拉多州奥罗拉的安舒茨医学校区和丹佛市中心的奥拉里亚校区。2016 年到 2017 年一年时间里，该大学的网络团队完成了两个校区部署 IPv6 的项目。该项目包括全面的 IPv6 规划、项目申请和审批。项目实施后，推广到全校约三万名用户。

科罗拉多大学的 IPv6 项目团队在项目筹备工作上花费了大量时间。第一步便是从 ARIN 获取 IPv6 空间。为了给将来预留足够的 IP 地址，项目组团队投入了足够的精力去获得支持文件以及批准合同修订，最终获得了批准。

实施团队从一开始就认为，如果从整个 IT 部门获得支持的最佳方式，就需要把 IPv6 部署的项目作为正式立项项目，这是科罗拉多大学 IPv6 项目成功的一个关键因素。因为它为所有项目成员和利益相关者设定了目标，并让每个团队成员对完成他们分配的任务负责。项目组定期召开项目审查委员会，IT 人员可以在其中展示项目框架。在项目筹备会上，项目负责人介绍了实施 IPv6 的好处，同时强调，从 IPv4 迁移到 IPv6 不是可有可无的，其他主流大学也正在和将要把传统的 IPv4 协议上全面迁移到 IPv6 上，IPv6 很快将成为互联网上的主要协议。越早实施迁移，就越容易实现。因为网络的复杂性随着时间的推移而不断增加。另外，从效率提升的角度，采用 IPv6 网络架构之后，便不再需要复杂的 NAT 方案。项目获得 CIO 批准后，成为中央 IT 部门部署 IPv6 的官方任务，使项目重要性得到有效保障，降低了 IPv6 项目的实施难度。

除了从项目立项重要性角度进行准备工作，还有一个重要工作是培训中央 IT 部门以外的技术人员，树立 IPv6 迁移重要性的意识。为了实现这一目标，IPv6 项目团队引入了一家外部供应商，花了半天时间，对 IPv6 的内涵进行了系统性讲解，取得了很好的效果。由于在实施 IPv6 之前，科罗拉多大学已经用了几年时间在大学校园实施了 MPLS，这使得 IPv6 的实现变得更加容易，因为在 MPLS 基础上，可以针对明确定义的网络块进行部署。考虑到一个全新的 IPv6 网络会带来的各种问题，从一开始就设计了具有冗余和可扩展性的新双栈网络。另外，MPLS 也带来了一些问题，因为 IPv4 网络中的某些功能 IPv6 端并不提供。

传统 IPv4 网络路由表有几千条路由，而部署 IPv6 之后，IPv6 路由表目前不到 50 条路由。科罗拉多大学采用了在 DHCPv6 上实现寻址方案，并开始从集中式 DHCP 和 DNS 设备中分发地址。这样一来消除了禁用隐私扩展的需要，并且还使得客户端地址更易于管理。

科罗拉多大学长期以来遇到的一个问题是 Windows 计算机上存在 6to4 适配器。由于大学拥有带有公共 IPv4 地址的工作站，因此它们会自动创建一个 6to4 隧道。虽然这只是一种转换技术，但有可能会因生成数千个不正确的 DNS 条目而导致问题，客户端会错误地使用这些可能导致连接问题的 6to4 适配器。这无形中给用户带来了疑惑，因为他们认为这是一个 IPv6 问题。作为 IPv6 实施计划的一部分，科罗拉多大学 IPv6 项目实施团队通过 Windows 组策略禁用了这些适配器。

科罗拉多大学的 IPv6 团队认为，越早进行 IPv6 部署越有好处，这样就不会被迫对未来的需求做出反应，使得整个部署都变得可控。从预算的角度来看，也没有增加过多的成本来实现 IPv6，因为在前期的 MPLS 项目中，已经更新了很多硬件。项目实施过程中，也发现了有些老的模块没有很好地支持 IPv6，这种情况下，也采取了一些折中的办法，把 IPv6 的某些功能推迟部署，直到可以更换新的设备再考虑部署。从整体来看，部署 IPv6，整个 IP 部门的支持至关重要，因为它为整个团队树立了明确的目标，无论是从服务器还是网络设备，对系统管理员和网络工程师都提出了一致的要求。两个校园 IPv6 实施完成后，没有看到最终用户的抱怨，甚至很少有人意识到他们已经切换到了 IPv6 网络，迁移实现了平滑过渡，也为其他大学树立了一个 IPv6 部署的典型案例。

9.8　中国石油：IPv6 物联专网实现"六通四达"

随着油气工业生产的自动化与社会化，油气行业者们需要进一步打破工业自动化的信息孤岛，统一自动化管控整个工厂的所有作业区域、生产线和物流系统。而 IP 网络以其高速、灵活、兼容性强等特点，承载了以 DCS、SCADA、MES 和 ERP 系统部署为标志的生产信息化系统。生产信息化时代的特征，由 IP 网络实现了各信息孤岛之间的互联互通，并将数据集中至数据中心。

中国石油天然气集团公司（简称中国石油）是一家集油气勘探开发、炼油化工等技术服务和石油装备制造于一体的综合性能源公司，是政府直接管理的国有特大型企业。随着中国石油油气田生产自动化水平的提升，越来越多的工业传感器实现了网络化，油气生产物联网逐步成型。在原油与天然气日益稀缺，市场竞争日益激烈的今天，油气田企业为了提升竞争力，将油气生产自动化从数字化油田向智慧油田升级，是必然的选择。过去的数字油田侧重于油田各种生产和管理数据的收集、上传与备份；而智慧油田则通过融入人的智慧，更加侧重于对采集的各种生产与管理数据进行整理分析和深度应用，为生产经营和管理者提供科学、智能、及时、高效的辅助决策支持手段。智慧油田高度依赖于以物联网为代表的新兴 ICT 技术，而物联网的网络终端数目巨大，传统计算机网络基于 IPv4 协议，其用于内部网络互联的地址大小只有 16M，在万物互联的今天，显然不能满足大型油气企业对地址的需求。而且，由于网络资源的限制，往往各个生产区域分配到的地址资源是非连续的，这大大增加了网络运维的成本。另外，现有油田生产网络往往和办公网络共用物理线路，这在传统的油田生产网络中问题不大，但在遍布物联网终端的智慧油田，这样的部署对生产网络业务的质量、安全和运维都会造成不利影响。

IPv6 技术突破了传统网络的藩篱，凭借其地址充足、处理高效、扩展容易和层次划分清晰等特点，根本解决了传统网络资源紧缺、管理难度大等问题。对政府来说，推广 IPv6 有助于保证整个国家在信息产业的优势；对企业来说，推广 IPv6 有助于获得最大利润，有助于在未来的发展中立于不败之地。但是新技术需要时间走向成熟，全球及国内运营商的 IPv6 过渡也是以区域或业务模块为单位逐渐开始的，例如国内运营商的试商用部署，就是从全国少数几个试点省份逐渐展开的，因此中国石油的 IPv6 过渡也会遵循这个进程。根据"十二五"国家整体要求，在国内选取适当的石油生产单位，建设覆盖石油行业的 IPv6 生产专网，为我国石油行业及其他行业生产网的 IPv6 过渡和 IPv6 物联网建设与运维积累经验，并在此基础上进一步摸索 IPv6 生产网的安全防护技术和解决方案，为下一代网络及物联网的安全提供基础科研数据。主要建设内容如下。

- 构建核心、汇聚、接入 3 层构架的基于 IPv6 的油气水井专网骨干网，分期建设各厂区试点网络，推广完成油田整个 IPv6 专网建设。同时配套建成支持 IPv6 的无线通信网络，传输无线采集设备发送的数据信息，信号能覆盖到油田所有的油气水井生产数据的无线采集设备。
- 完成油气水井专网与中国石油内网（IPv4）之间信息交换方案的设计与设备部署，使两个网络能顺畅、安全地传送信息。
- 配套完成油气生产现场监控与管理数据库在专网环境中的上线运行，完成该系统在 IPv6 和 IPv4 两张网间数据通信的调试运行。
- 依据信息安全等级保护三级系统安全防护要求，完善技术防护措施，包括专网与内网边界防护设备部署、专网数据中心应用系统边界防护，以及试点实验网络环境下的接入点加密传输设备部署，配套推广部署其他接入点的加密传输设备。

经过慎重筛选、综合评估，中国石油最终选择了华为作为其 IPv6 生产物联专网网络设计方案的提供商，提供从网络规划、勘察、设计到安装等一系列贴心的服务，以及 NE40E、CE12800 和 S12700 等核心级网络产品，为中国石油构建 IPv6 可持续发展生产物联专网。根据中国石油生产网业务特征，结合其天然优势等因素，华为为中国石油打造了第一期、第二期 IPv6 生产物联专网的解决方案：核心层采用多台 NE40E 高端路由器，打造可靠的核心路由层，并与信息数据中心连接，实现互访；采用多台 CloudEngine 系列的 CE12800 作为核心交换机，实现大流量二层汇聚，可简化配置并提高可靠性，同时，CE12800 核心交换机与原接入交换机无缝连接，采用 STP 形成完备的网络环，保持了业务的稳定性和连续性；在汇聚层，采用多台 S12700 敏捷交换机作为各生产园区网的网关，终结园区网用户的二层流量并进行三层转发，同时部署的 VRRP6 网关冗余协议和 DHCPv6 Relay 等特性还可实现健壮的 IPv6 网络功能。值得一提的是，CloudEngine 系列是华为面向数据中心和高端园区推出的新一代高性能交换机，具有独特的正交网板设计、

CLOS 交换架构、信元交换、VoQ（Virtual Output Queue）机制，以及超大缓存等 5 大关键特质，性能强大，可以满足数据中心网络未来 10 年的扩展要求。另外，S12700 敏捷交换机是基于华为自研的以太网络处理器 ENP 芯片的高端园区核心交换机，其灵活的全可编程架构能够适应不断发展的油气网络要求和 SDN 的平滑演进。

在华为以及各方的协同努力下，中国石油 IPv6 生产物联专网第一期已经基本完成，第二期正在建设中。华为主要从网络的安全性、可靠性、可扩展性，以及未来网络的持续可演进能力等方面进行方案设计和设备选型推荐。采用华为最先进的网络设备满足该项目对网络设备的性能、功能等要求。所有网络设备均满足标准接口，可与现有网络设备良好互通，同时通过支持 MPLS VPN、IPv6、6vPE、VRRP6 等最新技术，结合华为多年在大型网络建设中的网络规划能力、建设能力、后期服务能力等满足中国石油网络建设的需求。选择华为的 IPv6 物联专网解决方案使得油田的油气采收率等关键指标产生了质的改变，在实现油气稳产增产的基础上，煤层气等清洁新能源的生产也迈上了新台阶。从经济角度来看，降低了自动化网络运维成本；从人文角度来看，减少了高寒艰苦油田的人工作业量；从安全角度来看，保证了煤层气的安全生产性，充分体现了"智慧油田"的优势，为将来实现智慧地质、智慧工程、智慧管理和智慧民生打下了坚实基础。

目前，中国石油建设的 IPv6 生产物联专网已实现其"六通四达"（指 IPv6（六）与 IPv4（四）双协议栈互通互达）的预期目标，为下一代网络及物联网建设积累了经验，并提供了基础科研数据。

第 10 章

IPv6 应用及未来展望

10.1　物联网与IPv6

从物联网名词看，这是一个以物物相连作为名字的名称。但以特点命名之后，如何阐述这个特点，就成了各个机构讨论的重点。物物相连是所有领域都认可的特点，但不同之处在于阐述方向。

最早IBM从智能维度阐述，强调的是智慧，物联网的三层架构包括：感知、连接、智能。感知＋连接为智能提供数据，而智能源自数据。

通信行业是从连接维度强调连接的价值。最早通信行业将machine to machine翻译为物联网，而连接是物联网的基础之一。

而在嵌入式领域，强调的是数据与物理实体的对应，通过数学模型与物理实体的对应来模拟优化物理世界的运行，强调的是物理信息系统（Cyber Physical System）。

无论是从哪个领域研究物联网，核心的特点都离不开物物相连。

至今物联网都没有统一的概念解释，但物物相连的特点是所有领域都承认的。

在云计算突破之后物联网有了激活物物相连的趋势。人们对物联网的美好畅想激活了对物物相连的探索，当然在尝试物物相连的过程中，遇到了很多技术瓶颈，每一次在突破技术瓶颈的过程中，都让物联网形成了一个个小的热点。物物相连，为保证物体的识别以及便捷记录物体状态，有了射频识别（Radio Frequency IDentification，RFID）技术，在RFID不成熟的2005年，RFID非常热。为了保证所有设备便捷通信，激活了无线通信网络，Wi-Fi、蓝牙、ZigBee等智能硬件在2014年之后非常流行。而在2016年由NB-IOT激活的蜂窝无线网络促进了技术的成熟。物物相连之后，物体获得信息之后做什么？如果物体获得信息之后还需要人来处理，那么必定限制物联网的发展，因而需要物体在连接之后有处理能力，这就需要智能，又形成了一波人工智能热，以及现在经常提到的AIOT（人工智能物联网）。

在这个过程中，云计算、边缘计算都曾经遇到技术瓶颈，在遇到技术难题，解决技术难题之后，物联网技术逐步成熟。物联网行业在技术不成熟的时候，通常看到的是物联网热，是因为技术接近成熟后，对这个领域有很高的期望值。而在行业应用之后，这个物联网应用就不叫物联网的，而以应用命名。

最典型的是 RFID，在技术不成熟的时候，大概在 2009 年，RFID 基本上是物联网的代名词，但现在的物联网还有多少与 RFID 相关？但是现在 RFID 应用非常普及，我们的日常生活基本离不开 RFID，ETC、交通卡、服装标签、智能制造已经有非常多的应用，当这个技术不是瓶颈的时候，人们就不关注了，而以应用命名。

相类似，NB-IOT 在 2016 年技术不完善的时候，物联网领域非常热衷炒作 NB-IOT，但远程抄表应用 NB-IOT 很普及之后，就不提物联网了。

本书理解的物联网是在云计算技术、通信技术、IT 突破之后，让更多的物体可以通过联网汇聚在一个平台上，利用汇聚的数据创造价值的一系列技术形成的工具，这个工具会改变传统的所有行业。

根据历史经验，每一次工具的重大变革，都带来新的社会分工，从而促进社会进步。

物联网技术作为工具，会改变传统的所有产业，形成新的社会进步。

因为物联网会改变所有产业，在变的过程中，物联网非常重要，当产业变革完成，新的生态完成后，就会以新的产业生态命名产业。

物联网在不断的发展过程中必然会产生一些突出的需求。大量的设备接入互联网需要巨大的地址空间，必须要有统一的通信平台，对通信安全和质量的要求也会非常高。

而在现今新的 IPv6 与 IPv4 地址划分的不同在于，IPv6 地址的划分严格按照地址的位数，而不是像 IPv4 中通过子网掩码来区分网络号和主机号。IPv6 还拥有巨大的地址空间，同时 128 位的 IPv6 的地址被划分成两部分，具体来说这两部分分别是，IPv6 地址的前 64 位被定义为地址前缀，地址前缀用来表示该地址所属的子网络，即地址前缀用来在整个 IPv6 网中进行路由。而地址的后 64 位被定义为接口地址，接口地址用来在子网络中标识节点。读者可能会对什么是在子网络中标识节点产生疑问，例如，在物联网应用中可以使用 IPv6 地址中的接口地址来标识节点，一方面，在同一子网络下，可以标识 2^{64} 个节点。这样在这个标识空间里就会产生大概有 185 亿亿个地址空间，而这样的地址空间完全可以满足节点标识的需要。另一方面，IPv6 采用了无状态地址分配的方案来解决高效率海量地址分配的问题。解决此问题的基本思想就在于网络侧不管理 IPv6 地址的状态，换句话说就是节点应该使用什么样的地址、地址的有效期有多长都与我们无关，而且基本不参与地址的分配过程。当节点设备连接到网络中后，其加上 FE80 的前缀地址，然后再自动选择接口地址（通过算法生成 IPv6 地址的后 64 位），作为节点的本地链路地址。这个本地链路地址只在节点与邻居之间的通信中有效，路由器设备将不路由以该地址为源地址的数据包。在生成这个地址后，节点将进行地址冲突检测（DAD），检测该接口地址是否有邻居节点已经使用。如果在检测定时器超时后还没有发现地址冲突，节点则认为该接口地址可以使用。此时终端将会发送路由器前缀通告请求，寻找网络中的路由设备。当网络中配置的路由设备接收到该请求，将会发送地址前缀通告响应，将节点应该配置的 IPv6 地址前 64 位的地址前缀通告给网络节点，网络节点将地址前缀与接口地址组合，这样就构成节点自身的全球 IPv6 地址。如果节点发现其地址冲突，将立刻终止无状态地址分配过程，同时节点将等待手工配置 IPv6 地址。如果采用无状态地址分配，那么网络可能将不再需要保存节点的地址状态，维护地址的更新周期，进而大大简化了地址分配的过程，这样网络消耗很低的资源来海量分配地址。

物联网是一个瞬息万变的网络，同时物联网在移动通信性能上相对于传统的互联网有了更高的要求。然而现今物联网依旧有瓶颈，这个瓶颈就是移动能力的瓶颈，同时这个瓶颈主要也来源于互联网的移动性不足。在物联网的定义中，物联网基于无线传感技术实现物与物之间的基本通信。然而在一开始 IPv4 协议在设计时并没有充分考虑到当一个节点离开了它原有的网络，如何保证这个节点访问可达性的问题，即节点移动性带来的路由问题。又由于在网络路由器中路由条目都是按子网进行汇聚的，这是 IP 网络路由的聚合特性。这时原来的 IP 地址离开了该子网，而节点移动到目的子网后，网络路由器设备的路由表中无法找到该节点的路由信息（为了不破坏全网路由的汇聚，也不允许目标子网中存在移动节点的路由）。总之当节点离开原有网络，这样更会导致其外部节点无法找到移动后的节点。因此，通过特殊机制来实现支持节点移动的能力。当时为了在 IPv4 中支持节点的移动，IETF 提出了 MIPv4（移动 IP）的机制。然而这样的机制却又引发了一个新的问题，这个问题就是著名的三角路由问题。对于少量节点的移动，该问题引起的网络资源损耗较小。然而当我们移动特别是物联网中特有的节点群和层这样的大量节点的，将会引起巨大的网络资源浪费，使整个网络变得瘫痪。

因此，为了避免类似问题的产生，在一开始设计 IPv6 时就考虑了对移动性的支持。同时在移动 IPv6 中我们提出了相应的解决方案，来避免移动 IPv4 网络中的三角路由问题。首先，当 IPv6 协议栈在转发数据包之前需要查询 IPv6 数据包目的地址的绑定地址，提出了 IP 地址绑定缓冲这一概念，即在查询到绑定缓冲中目的 IPv6 地址存在绑定的转交地址，将直接使用这个转交地址作为数据包的目的地址，同时这样发送的数据流量可以直接转发到移动节点本身，而不会再经过移动节点的家乡代理，而直接转发到移动节点本身。其次，MIPv6 引入了探测节点移动的特殊方法，即某一区域的接入路由器以一定时间进行路由器接口的前缀地址通告，当移动节点发现路由器前缀通告发生变化，则表明节点已经移动到新的接入区域。与此同时根据移动节点获得的通告，节点又可以生成新的转交地址，并将其注册到家乡代理上。

在网络服务质量保障方面，在数据包结构中 IPv6 定义了流标签字段和流量类别字段。和 IPv4 的服务类型（ToS）字段功能相同，流量类别字段存在 8 位，用于对报文的业务类别进行标识；流标签字段有 20 位，被用于辨识属于同一业务流的包。流标签和源、目的地址一起，唯一地标识了一个业务流。在一个流中相同的流标签存在于所有包，以便对有同样 QoS 要求的流进行快速、相同的处理。目前，虽然 IPv6 的流标签定义并不完全，但从其规范框架来看，标记流是 IPv6 流标签提出的支持服务质量保证的最低要求，即给流附标签。流的发起者信源节点赋予一个流的流标签，同时要求该流的标签能被通信路径上的节点识别，并通过流标签来调度流的转发优先级算法。这样的定义可以使物联网节点上的特定应用有更大的自由度来调整自身数据流，节点能够只在必要的时候选择符合应用要求的服务质量等级，并为该数据流打上相同的标记。在重要数据转发完成后，即便通信没有结束节点也可以释放该流标记，这样的机制再配合动态服务质量申请和认证、计费的机制，就可以做到网络按应用的需求来分配服务质量。同时，在释放流标签后，为了防止节点误用流标签，造成计费上的问题，信源节点保证在 120s 内不再使用释放了的流标签。在物联网应用中存在节点数量众多，通信流量突发性强的特点。与 IPv4 比较，由于 IPv6 的流标签有 20 位，能够标记数量众多的节点数据流，同时与 IPv4 中通过五元组（源、目的 IP 地址，源、目的端口、协议号）不同，IPv6 可以在一个通信过程中（五元组没有变化），数据包才携带流标签，即能动态提高应用的服务质量等级，在节点发送重要数据的时候，做到对服务质量的精细化控制。IPv6 的 QoS 特性并不完善，使用的流标签存在于 IPv6 包头是容易被伪造的，可能产生服务盗用的安全问题。因此，需要开发相应的认证加密机制应用在 IPv6 的流标签上。同时为了避免冲突发生在流标签使用过程中，还要增加源节点的流标签使用控制的机制，以保证不会被误用在流标签使用过程中。

IPv6 的安全性与可靠性技术

首先在物联网中节点可能通过有线方式或无线方式连接到网络，因此在物联网应用中节点部署的方式也较为复杂，从而节点的安全保障的情况也比较复杂。安全保障方面对物联网尤为重要。举一个很简单的例子，以前，使用 IPv4 时一个黑客可能通过在网络中扫描主机 IPv4 地址的方式来发现节点，并找到相应的漏洞。一方面，如今在 IPv6 场景中，由于同一个子网支持的节点数量极大（规模达到百亿亿数量级），黑客再通过扫描的方式找到主机的难度呈几何倍数增加。同时对于设计 IP 基础协议栈方面，IPSec 协议将作为 IPv6 的基础协议栈，这样可以启用 IPSec 加密通信的信息和通信的过程。那么网络中的黑客对通信过程进行破坏或劫持也将不能采用中间人攻击的方法。即使黑客截取了节点的通信数据包，也会因为其无法解码而不能窃取通信节点的信息。同时，将用户信息与网络信息分离，很容易在网络中实时定位用户，这样可以充分利用 IP 地址的分段设计的同时也保证了在网络中可以对黑客行为进行实时监控，进而更好地监控网络。另一方面，物联网应用中，通常情况下节点都比较简单，因为其成本限制，节点的可靠性比较低，因此，物联网的可靠性的实现只能靠节点之间的互相冗余。然而节点之间又无法实现较复杂的冗余算法，采用网络侧的任播技术来实现节点之间的冗余则是一种较理想的冗余实现方式。采用 IPv6 的任播技术后，多个节点采用相同的 IPv6 任播地址（任播地址在 IPv6 中有特殊定义）。在通信过程中发往任播地址的数据包将被发往由该地址标识的"最近"的一个网络接口，这里的"最近"指的是在路由器中该节点的路由矢量计算值最小的节点。如果其中一个"最近"节点发生故障时，那么网络侧的路由设备将会发现该节点的路由矢量不再是"最近"的，从而会将后续的通信流量转发到其他节点，这样物联网的节点之间自动实现冗余保护功能，这样对于节点上只需要应答路由设备的路由查询，并返回简单信息给路由设备，避免增加算法。

从整体来看，IPv6 具有很多适合物联网大规模应用的特性，使用 IPv6 不仅能够满足物联网的地址需求，同时还能满足物联网对节点移动性、节点冗余、基于流的服务质量保障的需求，很有希望成为物联网应用的基础网络技术，与此同时 IPv6 还有众多的技术细节需要完善。例如，无状态地址分配中的安全性问题，移动 IPv6 中的绑定缓冲安全更新问题，流标签的安全防护，全球任播技术的研究等。

10.2　工业互联网与 IPv6

大家可能对工业互联网不是很熟悉，首先从工业互联网的关键技术说起，工业互联网的关键技术可分为感知层、网络层和应用层，接下来就这三个方面进行介绍。感知层是工业互联网识别物体、采集信息的终端环节，既包括机器、设备组、生产线等各类生产所需的智能终端信息采集技术，又包括 RFID 标签、传感器、摄像头、二维条码、遥测遥感等感知终端信息采集技术。网络层是工业互联网进行信息传输和处理的中枢环节，包含工业异构异质网络的融合技术、工业装备和产品的智能技术、工业大数据的存取和利用技术、工业互联网架构技术等。应用层是工业互联网支撑行业智慧应用、实现广泛智能化的平台环节，通过信息处理实现智能决策，提供完整解决方案，主要涉及具有控制属性的嵌入式控制技术，以及具有交互属性的各种软硬件工具平台。而同时工业互联网涉及的产业主要是硬件、软件和信息技术服务等电子信息产业。工业互联网从本质上说是以互联网、物联网为基础，智能机器为载体，大数据保存与处理分析为核心价值，从而实时采集设备的动态运行数据，并对海量的工业动态数据进行保存和处理。传统工业互联网平台基本上由单一企业主导，平台在行业覆盖度、功能完整性、模型组件丰富性、开放共享程度等方面发展滞后，例如，PaaS 层的开发工具、工艺流程、模型方法上积累不足，SaaS 层的应用开发者数量有限，面向多行业、多领域、多场景的工业 APP 应用缺乏，双边市场生态远未形成。

现在推动全球工业互联网和产业发展越来越多地依靠云计算、大数据、下一代互联网等新一代信息技术。因而对工业互联网在性能、可靠性、稳定性、安全性上的要求也越来越高，使其对灵活的设备和传感器组网、实时可靠的信息传输、高效的大数据存储分析，以及未来网络技术在资源配置的灵活性，传输的时效性、可靠性和安全性方面的需求和配置也日趋多样化。工业互联网需要提升以 IPv6 为核心的下一代互联网等技术工业适配能力，因而在网络升级上，工业互联网需要更高的数据采集来满足智能机器间的网络连接、传感器之间的网络连接以及人机连接的支撑，不断提升公众网络宽带接入和传输速率。IPv6 协议因为其能提供高服务质量、移动通信等新特性，同时还能够提供更多的 IP 地址，支持自适应配置，彻底解决目前互联网架构的弊端，而且充分考虑了网络安全问题，并且支持各种安全选项，包括审计功能、数据完整性检查、保密性验证等。IPv6 协议提供访问控制、数据源的身份验证、数据完整性检查、机密性保证，以及抗重播攻击等，解决网络层端到端数据传输的安全问题，都可以由 IPSec 安全架构"无缝"地为 IPv6 网络环境下的网络层数据传输提供各种安全服务。再者还可以充分利用 IPv6 寻址能力的无限拓展，如对于每一个智能终端都可以有强大的计算能力、寻址能力、数据源认证和保密性的能力，实现端到端的安全加密，发现工业生产异常。这样不仅有助于建立工业互联网安全运营与分析中心，而且对企业工业数据和安全数据持续收集，建立企业的安全数据仓库，以及工业互联网预警、检测、响应、追踪溯源的纵深防御能力都会得到显著提高。

无论是医疗创新、医疗改革，民航机队的协调维护，还是油气的勘探转送，发电厂的运送生产运营等，各行各业都从工业互联网应用中获取了巨大的价值。同时在全球经济中约 46% 的全球产量受益于工业互联网，因而现今工业互联网对全球经济已产生深远影响。

工业互联网正成为国际战略竞争的制高点，是未来各国打造产业竞争的新优势。工业互联网颠覆传统工业发展模式，制造业向智能制造转变的潮流无法阻挡，这是中国制造业实现由大变强的重大机遇。工业互联网平台为我国工业制造业实现弯道超车提供了难得的历史机遇。为了更好地发展未来制造业，以 IPv6 为核心的下一代互联网建设将具有深远意义。同时在这场全球制造业升级之战中，一步快则步步快。为了中国工业互联网更好的产业发展，由睿哲科技等企业共同建成了一批下一代互联网示范城市和应用案例，携手地方政府拥抱互联网时代，已经开始共同推动先进制造业的 IPv6 技术提质改造，给中国工业互联网的产业发展打下基石。

10.3　车联网与IPv6

实现IPv6后对车联网有什么好处？最明显的一点就是优化组播方案。由于IPv6的地址池扩大，释放了路由列表，增加邻居发现范围，基本达到了广播效果的覆盖面，同时沿用组播的各类限制和安全协议。这对车联网这种需要建立多点对一点甚至多点对多点的产品提高服务性能和降低资源消耗是大有好处的。

例如，在TU车机端显示天气信息——一个再常见不过的服务。在IPv4下大多数产品的做法是由终端发起一个带有GPS坐标的请求，再由远程TSP定义推送的具体内容。这种单播方案的缺点在于，十万个天南海北的车主用户可能造成每天十万次请求，这对于服务器设备负载和数据流量势必造成巨大的压力。

因此一种优化方案是通过广播技术，向所有十万用户定时广播当天全国天气，如同CCTV每晚的《天气预报》节目那样。然后依赖终端自己的判断来截取其中的部分信息，例如只要上海市的天气信息。这种方案比较省心但不满足频繁即时更新信息的需求。

再一种优化方案就是组播技术，将用户组划分为每个地区县市的若干个组，对于这个组的用户进行信息更新。然而在IPv4技术下，组的维护是低效的。由于缺乏足够的地址池和标示符，组员邻居的出入变化、地址变化都依赖各种路由约束。一旦路由发生故障，很容易造成部分成员信息丢失甚至全组灭失。而在IPv6下实现则高效很多，可以将IP直接映射到终端设备MAC地址上，避免IPv4映射的地址冲突，因此组员标识非常可靠。这种组播方案可以实现天气服务的即时频繁更新，如同地方电视台每天可以有若干次的本地区天气播报效果。

由此深入的话题就是基于IPv6的BGP（边界网关路由）协议。BGP作为IPv4向IPv6过渡的核心路由技术，是车联网以及其他物联网设计中必须面对的难点。例如在日内瓦车展期间展示的一款产品可以实现海外通信。具体过程是，在IPv4下将中国车主和欧洲车主分入不同的路由域，两者在AS101中是IBGP的邻居协议，两类用户除了合法IP网段（用户分别计费、IP跟踪标示）不同外都是路由可达的。在GGSN侧（AS100）和TSP/CP侧（AS102）完全一视同仁。由于BGP已经是TCP通信，因此一个IP为172.16.1.20的中国用户在分享POI信息的时候，只要应用层不加任何限制，数据可以立刻展现在172.16.128.20的欧洲用户车机屏幕上。

上述方案无法覆盖一种特殊需求，即欧洲用户的车在中国行驶或反之，此刻日内瓦展车正风尘仆仆地漂洋过海前往北京车展的路上……而IPv6的实现可以将整体效果展现得更完美，所有用户终端在 AS101 中做完全的 IP 映射。172.16.128.0 这半个网段物理上将不存在，所有终端都存活在一个域中，没有特殊设备边界区分，唯一的不同就是 IPv6 标识字节。终端设备的追踪计费都由电信运营商的接入点自行控制，而 TSP 侧只需要关注应用层服务自身即可，如在北京时间早上给组播地址为西半球的车主发"晚上好"的信息。

最后一点是基于IPv6而来的大数据，"大数据"这个概念已经被用地"丧心病狂"且"莫名其妙"，因此不做赘述。

随着现代传感技术、数据分析、人工智能等技术与设备的飞速发展，交通服务智能化的各个方面都得到了大大提高。在国内，华为、奥迪、宝马、戴姆勒、沃达丰、爱立信、英特尔、诺基亚、高通宣布结成了 5G 汽车联盟（5GAA）。在国外，谷歌、特斯拉、Mobileye 自动驾驶系统，通过传感器、雷达和摄像头的各种信息输入，通过人工智能技术决策，自动驾驶在单车驾驶上已经一定程度上得到实现。同时在车联网通信解决方案的开发、测试、促进销售方面与各公司展开合作，并支持标准化，加快商用化和向全球市场推广。

尽管我们有了通过车辆自身传感器等硬件设备获得环境信息这个解决方案，然而这个方案在车辆视野范围过于依赖硬件配置和部署场景，因而这个方案依然具有很大的局限性。可能大家会想到我们针对这些场景开发性能更强的传感器，然而如果这样做，解决成本也会高到大家无法承受的地步。

针对以上问题我们有更好的解决方案，可以利用 V2X 通信（V2I、V2V、V2P）技术，这个技术能提供远超出当前传感器感知范围的信息。本质上可以把 V2X 看作是一个拉长拉远的"传感器"，它可以通过和周边车辆、道路、基础设施通信，增强它对周围环境的感知，从而获取更多的信息。同时，我们将采用 IPv6 协议，因为 IPv6 在车联网视频传输中不仅能提高网络整体吞吐量，而且支持构建动态合作式视频处理系统，改善视频传输性能与质量，更重要的是相对于 IPv4 网络协议，IPv6 有更大地址空间、动态地址自动配置、加强的组播以及对流媒体控制的特性。然而我们还可以通过深度学习的方式使车辆更加智能化地自主判断道路状况并做出应急措施。

10.4　区块链在 IPv6 下的发展

2008 年中本聪首次在《比特币：一种点对点电子现金系统》论文中提出了区块链的概念。在那篇论文中中本聪认为：在中心化的体系内，价值分散在各中心手中，由于各中心的系统不同，各中心的交互成本非常高；由于少数中心化的机构掌握了多数的价值，因此价值的流通受制于中心化机构的体系要求，造成了一种高成本、低效率的运作现状；由于所有数据均存储于中心化机构中，更容易遭恶意破坏者的篡改。基于上述问题，中本聪在区块链技术的基础上创建了比特币，而正是比特币的诞生使得区块链进一步完善并逐渐进入公众的视野。

可能没有听说过区块链的读者又会产生新的疑问，在这里一并解释，区块链是指通过去中心化的方式集体维护一个可靠数据库的技术方案，也可以将其理解为一个分布式的账本。通过区块链技术，互联网上的每个用户都可以成为一个节点并相互连接起来，同时还可以在此区块链上发布内容，当然所有发布的内容都会被加密，加密后再发送给每一个节点接收并备份，当然在每一个节点中都可以查看其历史上产生的任何数据。同时各节点将加密数据不断打包到区块中，再将区块发布到网络中，并按照时间顺序进行连接，生成永久、不可逆向的数据链，于是这样就形成了一个公开透明的受全部用户监督的区块链。区块链技术最大的突破点就在于让区块通过密码学方法关联起来，每个数据块包含了一定时间内的系统全部数据信息，同时生成数字签名以验证信息的有效性并链接到下一个数据块形成一个链条。

区块链通过去中心化、交易点对点、不可篡改的特性可以实现机器信任；交易不可逆、信息加密的特性可以实现价值传递；此外信息点对点、不可篡改等还能实现智能合约。

区块链技术的分类也是随着各方面的应用而越来越明朗化，区块链目前分为三类：公有链、私有链、联盟链。

1. 公有链

公有链可以理解为公共区块链，也就是每个人都可以参与的区块链。换而言之，公有链上的行为是公开的，它不受任何人控制，也不归任何人所有，被认为"完全去中心化"的区块链。例如 btc、eth、neo 等。公有链的特性是公开、透明、去中心化，每个人都可以记账，但也正因为如此（pow 共识机制），会导致"挖矿"的人越来越多，因此效率变低，大规模耗电，验证和完整交易需要较长的时间。

2. 私有链

区别于公有链开放、联盟链半开放的特点，私有链强调的就是私密，仅限在一个企业、组织以及机构内的用户访问和交易，如 Acrblock。

如果把公有链当作互联网，那么私有链就是一个完全封闭的局域网，只是加上了一些区块链技术。例如一些金融、审计机构用以存放账本及数据库，只有有相关权限的用户才能访问及修改数据。

因为其私密性，有的私有链省略了"挖矿"这一功能，从而大大提升了执行效率。

私有链能够防止机构内单节点故意隐瞒或者篡改数据，即使发生错误，也能够迅速发现来源。因此目前许多大型金融机构更加倾向于使用私有链技术。

它的优点可以总结两点：

■ 交易确认速度很快，成本更低。

■ 隐秘性更高，而且无法篡改。

3. 联盟链

联盟链是指其共识过程受到预选节点控制的区块链。例如，对由 15 个金融机构组成的共同体而言，每个机构都运行着一个节点，为了使每个区块生效需要获得其中半数以上也就是 8 家机构的确认。联盟链可以视为"部分去中心化"。

区块链的基础技术之一即 P2P 通信技术，而在 P2P 网络扮演着重要角色的又是 IPv6 协议，而在这里我们为什么用的是 IPv6 协议，因为对于 IPv6 将不存在地址不够用的问题，因此对 P2P 网络会有很大的促进作用，同时，也允许更多的节点参与到区块链的经济体系中来。大家可能又会疑问为什么在 P2P 中不是 IPv4 扮演着重要角色。因为在 IPv4 的条件下，地址受限是一个巨大的问题。在我们熟知的 IPv4 时代，要实现 P2P 网络都必须通过各种 NAT 网络转换技术。

大家可能对 P2P 网络有些陌生，在这里我告诉大家，P2P 网络是一种构建在互联网上的分布式网络，它打破了传统的客户端 / 服务器模式，并且在 P2P 网络中每个节点的地位都将是对等的。每个节点既充当服务器，为其他节点提供服务，同时也享用其他节点提供的服务。然而随着 IPv4 地址的耗尽，IPv6 网络的出现成为必然，但因为现有的大多数网络设备都是基于 IPv4 设计的，同时 IPv4 的历史发展也已有 30 多年，想要短时间内完全实现 IPv4 到 IPv6 的转换极为困难，因而在这个阶段，IPv4/IPv6 混合网共存成为必然。

然而在这里又出现了一个新的问题，因为目前大多数 P2P 研究都是在两个 P2P 节点之间具有相同通信协议（如 IPv4）的基础上进行的。如果无法解决 P2P 系统中运行 IPv4 协议的节点与运行 IPv6 协议的节点之间的通信的这个问题，P2P 技术的发展必将会受到阻碍。

1）IoT 作为 IPv6 的业务驱动程序

瑞士列车公司 SBB（注意这是一个双栈网站）是企业如何推动 IPv6 部署的一个例子。物联网业务部门决定在 2019 年初推出首个物联网应用程序。为此，他们需要为每个列车部署 1000 个 IP 地址，他们需要部署大约 1200 辆列车。他们向网络组织请求这么多的 IP 地址，但网络组织说："没办法，我们没有足够的地址。"那么猜猜现在发生了什么？他们必须提供 IPv6 服务以确保此应用程序能够仅通过 IPv6 运行。请注意，如果你需要 IPv6，因为你没有足够的 IPv4 地址，则双栈不是一个选项。因此，他们目前正在评估处境以及如何提供 IPv6 和翻译服务以实现这项工作。列车中的终端设备将仅支持 IPv6，但整个后端目前仅支持 IPv4，因此在没有翻译的情况下它们不会脱身。他们有一年时间这样做。如果后端和核心本身已经支持 IPv6，那将会容易得多。

2）IPv6 如何发挥作用

你有没有想过这是如何发生的？推动物联网的许多人都没有意识到物联网不会在没有 IPv6 的情况下大规模发生。IPv6 还带来了一些与安全相关的功能，这将推动在物联网和区块链领域的部署。

分散式网络蓬勃发展并保持安全的关键组成部分随着分布式 Web 的性能和安全性受到 IPv4 的负面影响进行端到端恢复。点对点网络需要端到端的连接。穿越 NAT 是一种痛苦，需要肮脏的解决方法。我们不知道 NAT 数据包来自哪里，并且由于 NAT 处理数据包，我们不知道数据是否被操纵。因此，IoT 呼吁 IPv6，因为其所需的 IP 地址数量，IPv6 还会带来 IPv4 的巨大优势，因为它不使用 NAT，这允许节点接受传入的连接请求。此外，IPv6 的高级和更可扩展的组播功能将为这项技术带来优势。

在安全方面，控制访问在某些地区或国家的请求正在增加。数据主权是指以二进制数字形式存储的信息受制于其所在国的法律。由于 IPv4 的变化速度与 IPv6 相比非常高，因此 IPv4 不能轻易实现。IPv6 的巨大分层地址空间和管理方式允许规则限制对某些国家 / 地区的访问。如何实施这一举措的一个例子是欧盟采用新版隐私法规，称为"通用数据保护条例"（GDPR）。这将在 2018 年 5 月生效。GDPR 是由欧洲议会、欧盟理事会和欧盟委员会制定的。它还涉及欧盟境外个人数据的出口。GDPR 的目标主要是通过统一欧盟内的监管规定，向公民和居民反馈个人数据并简化国际业务的监管环境。顺便说一句，这是必须要被重视的事情。任何类型的违反 GDPR 行为的公司都可能会被罚款高达 2000 万欧元或全球年销售额的 4%（以较高者为准）。

控制数据位置和防止非法数据导出是支持隐私设计的要求，在选择互联网协议时考虑数据主权在管理责任分内之事。

对区块链社区来说，使用 IPv6 可以让你隔离区域，例如可用于排除你不信任的国家 / 地区的存储空间，或者如果你前往瑞士，让你的存储空间位于此区域内，这只有在你使用区块链与 IPv6 的情况下才有可能实现。或者在物联网的情况下，这些设备通常具有非常有限的内存和存储空间。只能把数据移到某个地方，然后其他设备才能处理或存储。你可能想要控制数据的位置，这需要 IPv6 才能够轻松完成。

3）如何准备

IPv6 是当前的互联网协议，准备应用它可能是一个明智的做法，IPv4 已报废。针对 IPv6 部署，如果你想以最小的风险和成本来完成则需要一些时间，在大型企业网络中通常需要 3 ~ 5 年。你需要时间来创建持久的地址迁移计划。该计划不应仅仅是 IPv4 地址计划的副本，它应该与你的 IPv6 安全概念仔细对应。这应该不仅仅是你的 IPv4 安全概念的副本，两者都应该考虑到广阔的地址空间的机会，并使用 IPv6 的高级功能。IPv6 地址计划通常需要大约三次迭代才能正常工作，员工需要花费相当多的时间和精力来摆脱 IPv4 思维。你还希望能够使用产品的正常生命周期，有时间教育和总结经验，并调整所有支持系统和流程。

10.5　人工智能与 IPv6

　　"人工智能"一词最初是在 1956 年 Dartmouth 学会上提出的。从那以后，越来预多的学者开始展开了对此更深入的探讨与研究，从而诞生了众多理论和原理，人工智能的概念在那时也随之扩展。换句话说，随着多年的研究，人工智能的主要目标之一就是使机器能够胜任一些通常需要人类智慧才能完成的复杂工作。但在不同的时代，不同的人对这种"复杂工作"的理解是不同的。现今，能够用来研究人工智能的主要物质手段以及能够实现人工智能技术的机器就是计算机。而人工智能却又在计算机科学之上，人工智能除了计算机科学还包括信息论、控制论、自动化、仿生学、生物学、心理学、数理逻辑、语言学、医学和哲学等多门学科。人工智能作为一门十分广泛的科学，它由不同的领域组成，如机器学习、计算机视觉等，因而从事人工智能的人不仅要懂计算机知识，更要懂得心理学和哲学。

　　人工智能学科研究的主要方面有：知识表示、自动推理和搜索方法、机器学习和知识获取、知识处理系统、自然语言理解、计算机视觉、智能机器人、自动程序设计等。

　　人工智能天然与大数据和云计算有紧密关系。在大数据领域，面向需要实时处理的海量数据，分布式计算是必不可少的技术手段，IPv6 无论在节点数量的支持以及网络的质量和性能上，较 IPv4 都有质的提升，使得基于 IPv6 网络的集群能够并行处理更多的数据。

　　随着物联网的快速发展，在 IPv6 的支撑下，更多的网络节点能够成为独立控制的单位，数据采集更加方便，范围更加广泛，而信息的推送覆盖率也更高。随着移动终端乃至移动支付的普遍应用，边缘计算的结果通过 IPv6 网络也能更好地与数据中心进行交互，为用户提供更好的体验效果。

10.6　对中国 IPv6 未来发展之展望

未来将是数字化、全球化深入到世界各地每一个角落，影响每个人的时代。我们相信每项互联网技术的诞生和创新都是一场"蝴蝶效应"的开端。有专家表示，基于 IPv6 的下一代互联网将成为支撑前沿技术和产业快速发展的基石。2017 年 11 月，中共中央办公厅和国务院办公厅联合印发了《推进互联网协议第六版（IPv6）规模部署行动计划》，为互联网技术的普及和应用，以及未来产业奠定了良好的基础。

IPv6 已经经过部署的"创新者"和"早期采用"阶段，现在处于"早期多数"阶段。IPv4 地址的价格接近其预计的 2018 年的峰值，而云托管提供商开始为 IPv4 地址收费，同时使 IPv6 服务免收地址空间的额外费用。IPv4 越来越成为不必要的成本和投机资产。面临购买 IPv4 地址的 IT 部门或 CIO 有理由问这笔费用是否值得。简而言之，它越来越不是。即使没有面临这样的决定，从长远来看，公司在销售其拥有的地址空间方面会做得更好，并将资金用于 IPv6 部署，连接到上游 ISP，该 ISP 将使用翻译机制连接到剩余的 IPv4。

我国拟用 5 到 10 年时间，形成下一代互联网自主技术体系和产业生态，建成全球最大规模的 IPv6 商业应用网络，成为全球下一代互联网发展的重要主导力量。同时将在以下领域全面支持 IPv6：如国内用户量排名前 50 位的商业网站及应用，省部级以上政府和中央企业外网网站系统，中央和省级新闻及广播电视媒体网站系统，工业互联网等新兴领域的网络与应用工业互联网等新兴领域的网络与应用等。在 2020 年末，IPv6 活跃用户数超过 5 亿户，在互联网用户中的占比超过 50%，新增网络地址不再使用私有，新增网络地址不再使用私有 IPv4 地址，并在以下领域全面支持 IPv6：国内用户量排名前 100 位的商业网站及应用，市地级以上政府外网网站系统，市地级以上新闻及广播电视媒体网站系统；大型互联网数据中心，排名前 10 位的内容分发网络，排名前 10 位的云服务平台的全部云产品；广电网络，5G 网络及业务，各类新增移动和固定终端，国际出入口。2025 年末，我国 IPv6 网络规模、用户规模、流量规模位居世界第一位，网络、应用、终端全面支持 IPv6，全面完成向下一代互联网的平滑演进升级，形成全球领先的下一代互联网技术产业体系。